多媒体教学辅助教材

建 筑 施 工
（第 二 版）

穆静波　王　亮　编著

中国建筑工业出版社

图书在版编目（CIP）数据

建筑施工/穆静波，王亮编著. —2版. —北京：中
国建筑工业出版社，2012.5
多媒体教学辅助教材
ISBN 978-7-112-14174-6

Ⅰ.①建… Ⅱ.①穆…②王… Ⅲ.①建筑工程-工
程施工-高等学校-教材 Ⅳ.①TU7

中国版本图书馆 CIP 数据核字（2012）第 052783 号

　　本套教材依据作者几十年不断提炼的教学讲义和教学课件、刚刚发布和即将发布的新
规范新标准、近年来施工新技术和组织新方法，在第一版基础上修编而成。全书条理分
明、知识点简明清晰、重点突出。教学课件是在作者获得中国建设教育协会优秀课件一等
奖的基础上经反复修改补充而成，与纸质教材完全配套。采用全动画演示方式，有较强的
视觉刺激，通过逐条讲解课程重点、适时播放精美清晰且大量的施工图片、照片、动画演
示、录像片段和工程案例，可使读者增加感性认识、易于理解和掌握课程内容，也利于加
深印象、提高综合应用能力。全书共 15 章，包括土方、深基础、砌筑、钢筋混凝土、预
应力混凝土、结构安装、路桥、防水、装饰装修等工程及施工组织概论、流水施工法、网
络计划技术、单位工程施工组织设计、施工组织总设计、工程案例，并附有习题。

　　本套教材可用于课堂教学和辅助自学，更有助于考前复习。适用于土木工程、建筑工
程及相关专业本专科、高职以及成人教育、岗位培训等，也可供相关工程人员参考。

＊　　＊　　＊

责任编辑：郦锁林　万　李
责任设计：张　虹
责任校对：王誉欣　王雪竹

多媒体教学辅助教材
建筑施工（第二版）
穆静波　王　亮　编著
＊
中国建筑工业出版社出版、发行（北京西郊百万庄）
各地新华书店、建筑书店经销
霸州市顺浩图文科技发展有限公司制版
化学工业出版社印刷厂印刷
＊
开本：787×1092 毫米　1/16　印张：16¼　字数：390 千字
2012 年 6 月第二版　　2014 年 4 月第九次印刷
定价：**42.00** 元（含光盘）
ISBN 978-7-112-14174-6
（22190）

第二版前言

本书第一版自 2004 年出版以来，受到广泛关注和欢迎，经过 6 次印刷，发行万余册。对《土木工程施工》和《建筑施工》课程的多媒体教学起到了良好的推动作用。几年来施工技术迅速发展，国家标准、规范也进行了大量修订和调整，第二版出版刻不容缓。

随着我国的经济发展和大规模建设，近几年来，北京奥运工程、上海世博工程、跨海大桥工程等一大批颇具影响的建筑相继落成，促使我国的施工技术和施工组织水平不断提高。如基础埋深达 32.5m、独具特色的国家大剧院，总面积 98.6 万 m^2、列为全球之首的首都机场 T3 航站楼，10500t 钢屋盖整体提升一次到位的首都机场 A380 机库，体型独特、用钢量达 12.9 万 t 的中央电视台新办公楼，用钢量达 0.5t/m^2 的国家体育场（"鸟巢"），492m 高的上海环球金融中心，体型独特的世博中国馆，施工技术含量较高的世博文化演艺中心和阳光谷，以及将成为中国第一高的上海中心大厦等工程，不但体现了我国的综合实力，也反映出我国的施工技术和组织管理达到了较高的水平。

在技术方面，我国不但掌握了大型工业设施和高层民用建筑的成套施工技术，而且在深基础工程方面推广了大直径桩、超长桩、深基坑支护、地下连续墙和逆作法等施工新技术，在钢筋混凝土工程中，新型模板、粗钢筋连接、大体积混凝土浇筑等技术得到迅速发展，在预应力技术、大跨度钢结构、高耸结构施工和新型保温、防水、装饰材料的应用，以及现代信息技术、虚拟仿真技术、计算机控制技术等方面都有了长足的发展和应用。在施工组织方面，随着网络计划技术和计算机的广泛应用，以及国外先进的管理方法的引进，进一步提高了施工组织与项目管理水平。这些，为施工教学水平的提升带来了较大的空间。

然而，知识增加与课时减少的矛盾加大了课程的浓度，而实践知识匮乏又加大了学生对施工课内容理解的难度。本套教材本着以知识点简明清晰、突出重点的原则，将经典的教学内容与施工新技术新方法、新规范新标准凝结为一体。在第一版及作者获得中国建设教育协会一等奖课件的基础上，通过全动画演示课程重点、适时播放施工图片、照片、动画演示、录像片段，增加读者的感性认识、提高对课程内容理解和掌握的程度。此外，增加了工程案例一章，力图通过典型工程实例，提高综合应用的能力。

本教材仍包括两部分。一部分为多媒体教学课件的 DVD 光盘（2.7GB）。它是通过"PowerPoint"幻灯片形式，按章节逐条演示教学重点，播放大量的精美清晰的教学图片、照片，进行动画演示，并可随内容进展点击播放近 60 段录像片段，可用于教师教学或学生自学。另一部分为课程重点内容的文本教材。它与课件完全配套，较系统地汇集了本课程的主要知识点，条理分明、简洁清晰，且每页留出了一些空白，可用于补充部分笔记。主要为解决多媒体教学带来的教学容量大，教学进程快，学生难以记录完整的笔记这一矛盾。既便于读者抓住重点，又便于预习和复习。

  本教材由北京建筑工程学院穆静波、王亮编著。在编写过程中，文本教材参考了多种文献资料；多媒体教学课件中引用了同济大学应惠清老师、烟台大学刘津明老师等制作的部分动画及百度网图片等，在此谨对相关作者表示衷心感谢。本教材虽经精心编制，但限于作者的水平和能力，定有不足之处，敬请读者批评指正。

4

第一版前言

施工课是一门综合性、实践性很强的课程，许多施工工艺、机具设备、技术要求等，难以在有限的时间内用口述和在黑板上作图表达清楚；现场参观虽然有较好的效果，但往往受到时间、工程内容及工程进展情况等限制。而计算机多媒体教学可以集文字、数据、图片、动画、音响、录像等多种教学信息于一体，能对学生给予更多的感官刺激，以加强学生对陌生的实践过程和难以想象的抽象概念的认识和理解。因此它具有信息功能强、教学效率高、形式新颖活泼、令人喜闻乐见的特点，是提高教学效率和改善教学效果的最佳途径，也是施工类课程教学的必由之路。而个人微机的发展以及多媒体教室的建立，为这种教学方法的实现创造了有利条件。

本教材广泛汲取各本优秀教材、手册之精华，在总结多年教学经验的基础上，根据教学大纲要求编制而成。经过几年来多位任课教师及数十个班级学生的使用，不断补充、修改，并按照2001～2002年新规范进行了调整。在制作时考虑了既突出课程的重点，又适当扩大了教学范围，并增加了一些施工新工艺、新方法等。

本教材主要包括两部分。一部分为多媒体教学、演示光盘；另一部分为课程重点内容的文本教材。

多媒体教学、演示光盘主要是通过"PowerPoint"幻灯片形式，可按章节逐条演示教学重点，播放教学图片、表格和照片，进行动画演示，并可借助 VCD 播放程序或播放软件插播录像片段。本套多媒体教材的光盘课件采用公众性软件平台，便于使用者调整、修改、添加或删减（使用要求与方法见"使用说明"）。

文本教材较系统地汇集了本课程的重点内容和主要知识点，并附有习题。主要为解决采用多媒体教学方法，使得教学容量加大，教学进程加快，且上课时教室的光线可能较差，学生难以记录完整的笔记这一矛盾。既便于学生抓住重点，又便于预习和复习。同时文本教材中留出了一定量的空白，可用于补充部分笔记。

本教材在编制过程中，参考了多种教材、手册及有关资料，在此谨对这些书籍和资料的作者表示诚挚感谢。教材中的录像片断由张春学、韩志坚同志摄录，对他们的辛勤工作致以深深的谢意。

本教材虽经精心编制，但由于作者水平所限，定有不足之处，敬请读者批评指正。

教 学 演 示 光 盘

使 用 说 明

　　为了能正确使用《建筑施工多媒体教材》光盘课件，建议在浏览和观看该教材之前先阅读本使用说明。

　　一、系统要求

　　1. 操作系统：Win Me、Windows 2000 以上版本；

　　2. 应用软件：PowerPoint 2003 以上版本、操作系统自带的媒体播放器或其他支持 *. 格式的多媒体软件。

　　二、幻灯片放映操作步骤

　　1. 开机，进入操作系统的桌面；

　　2. 将《建筑施工多媒体教材》光盘放入 DVD 光盘驱动器；

　　3. 打开电子演示软件 PowerPoint 2003；

　　4. 选"打开已有的演示文稿"及"更多文件……"，点"确定"；

　　5. 选光盘驱动器的盘号，点选要播放的章节，"确定"；

　　6. 点选工作区左下角最右面的"幻灯片放映"按钮，便使幻灯片处于待放映状态中；

　　7. 单击鼠标左键，即执行放映。

　　8. 在放映过程中，若欲停止放映、绘图或翻找本文件的其他幻灯片时，可单击鼠标右键，在所弹出的菜单框中点选即可。

　　三、录像片放映操作步骤

　　1. 在放映幻灯片的过程中，凡有放映按钮"▶"图标时，单击该按钮，媒体播放程序即可执行与该章节内容相关的录像片断的放映。

　　2. 放映结束或欲停止播放时，关闭媒体播放程序即可恢复到幻灯片放映。

第二版前言

第一版前言

教学演示光盘使用说明

绪论 ·· 1

第一章　土方工程 ································· 4

　　第一节　概述 ···································· 4

　　第二节　土方量计算与调配 ············· 5

　　第三节　排水与降水 ······················ 12

　　第四节　边坡与支护 ······················ 17

　　第五节　土方工程机械与开挖 ·········· 20

　　第六节　土方填筑 ························· 21

第二章　深基础工程 ··························· 24

　　第一节　概述 ································· 24

　　第二节　钢筋混凝土预制打入桩的施工 ·· 24

　　第三节　灌注桩施工 ······················ 27

　　第四节　其他深基础施工 ················· 29

第三章　砌筑工程 ······························ 31

　　第一节　概述 ································· 31

　　第二节　砌筑材料的准备 ················· 31

　　第三节　垂直运输与脚手架 ·············· 32

　　第四节　砖砌体施工 ······················ 35

　　第五节　砌块砌体施工 ··················· 38

　　第六节　冬期施工 ························· 39

第四章　钢筋混凝土工程 ··················· 41

　　第一节　概述 ································· 41

　　第二节　钢筋工程 ························· 41

　　第三节　模板工程 ························· 50

第四节　混凝土工程 ……………………………………… 56

第五节　混凝土冬期施工 ………………………………… 65

第五章　预应力混凝土工程 …………………………… 68

第一节　概述 ……………………………………………… 68

第二节　先张法施工 ……………………………………… 68

第三节　后张法施工 ……………………………………… 70

第六章　结构安装工程 ………………………………… 76

第一节　概述 ……………………………………………… 76

第二节　起重安装机械与设备 …………………………… 76

第三节　单层厂房结构安装 ……………………………… 81

第四节　多高层房屋结构安装 …………………………… 88

第五节　大跨度钢结构安装 ……………………………… 90

第七章　路桥工程 ……………………………………… 91

第一节　路基工程 ………………………………………… 91

第二节　路面施工 ………………………………………… 92

第三节　桥梁工程 ………………………………………… 94

第八章　防水工程 ……………………………………… 99

第一节　概述 ……………………………………………… 99

第二节　地下防水 ………………………………………… 99

第三节　屋面防水 ………………………………………… 107

第九章　装饰装修工程 ………………………………… 111

第一节　概述 ……………………………………………… 111

第二节　抹灰工程 ………………………………………… 111

第三节　饰面工程 ………………………………………… 115

第四节　门窗与吊顶工程 ………………………………… 119

第五节　涂饰与裱糊工程 ………………………………… 121

第十章　施工组织概论 ………………………………… 124

第一节　概述 ……………………………………………… 124

第二节　施工准备工作 …………………………………… 126

第三节　施工组织设计概述 ……………………………… 127

第十一章　流水施工法 ………………………………… 131

第一节　流水施工的基本概念 …………………………… 131

第二节　流水施工的主要参数 ……………………………… 134
第三节　流水施工的组织方法 ……………………………… 137
第四节　流水施工的综合应用 ……………………………… 147

第十二章　网络计划技术 ……………………………… 150

第一节　概述 ……………………………………………… 150
第二节　双代号网络计划 …………………………………… 151
第三节　单代号网络计划 …………………………………… 162
第四节　时标网络计划 ……………………………………… 165
第五节　网络计划的优化 …………………………………… 167
第六节　应用案例 ………………………………………… 183

第十三章　单位工程施工组织设计 ……………………… 185

第一节　概述 ……………………………………………… 185
第二节　施工部署与施工方案 ……………………………… 187
第三节　施工计划的编制 …………………………………… 194
第四节　施工准备与平面布置 ……………………………… 198
第五节　施工管理计划与技术经济指标 …………………… 201

第十四章　施工组织总设计 ……………………………… 204

第一节　概述 ……………………………………………… 204
第二节　施工部署和施工方案 ……………………………… 205
第三节　施工总进度计划 …………………………………… 205
第四节　资源配置计划与总体施工准备 …………………… 206
第五节　全场性暂设工程 …………………………………… 206
第六节　施工总平面布置 …………………………………… 208

第十五章　工程案例 ……………………………………… 209

案例一：国家体育场(鸟巢) ……………………………… 209
案例二：国家篮球馆(五棵松体育馆) …………………… 212
案例三：首都机场航站楼 T3C 国际候机指廊 …………… 213
案例四：财富中心(一期) ………………………………… 216
案例五：金鼎大厦 ………………………………………… 220
案例六：中央农业广播电视教育中心 …………………… 222

习题 ……………………………………………………… 226

A、常规题部分 …………………………………………… 226
B、综合题部分 …………………………………………… 239

参考文献 ………………………………………………… 248

绪　论

一、课程的研究对象与任务

1. 研究对象——建筑工程施工中的工艺原理、施工方法与技术要求以及施工组织计划、方法与一般规律。

2. 课程任务——使学者了解国内外的施工新技术和发展动态，掌握主要工种工程的施工方法、施工方案的选择和施工组织设计的编制，具有独立分析和解决施工技术问题、编制施工方案和组织计划的初步能力。

二、课程的主要内容

施工技术	基础阶段	土方、深基础、地下防水
	主体结构阶段	砌体、钢筋混凝土、预应力混凝土、结构安装
	屋面及装饰装修阶段	屋面防水及保温、装饰装修
施工组织	计划原理	流水施工、网络计划
	组织设计	单位工程施工组织设计、施工组织总设计

三、建筑施工的发展

手工→机械、低多层→高层、传统→先进、计划→市场。

1. 施工方法及工艺

深基础施工——深基坑开挖、降水与回灌、土壁支护、逆做法施工、深桩基础等。

现浇钢筋混凝土结构体系化施工——大模、滑模、爬模等。

装配式结构安装——装配整体式住宅，框架、升板等。

钢结构施工——超高层钢结构安装、整体提升、滑移法施工等。

粗钢筋的连接、预应力混凝土、大体积混凝土浇筑等。

2. 新材料的使用

钢材——高强钢材（鸟巢 Q460）、厚大钢板、低松弛钢绞线等。

混凝土——高性能混凝土、防水混凝土、外加剂、轻骨料等。

装饰材料——高档金属、薄型石材、复合材料、纳米涂料等。

防水材料——高聚物改性沥青卷材、合成高分子卷材、涂膜、渗透结晶涂料等。

……

3. 施工机械化

自动化搅拌站、混凝土输送泵、新型塔吊、钢筋加工与连接、装饰装修机具等。

4. 现代技术

计算机、激光、自动控制与监控、信息化施工、卫星定位等。

5. 建筑工业化

设计标准化、建筑体系化；

构件生产专业化、专门化；

现场施工机械化；

组织管理科学化。

四、课程的特点，学习方法及要求

1. 特点——应用科学

(1) 综合性强：与许多专业课、专业基础课有密切关系（如工程测量、结构力学、建筑材料、房屋建筑学、土力学、地基基础、混凝土结构、砌体结构、钢结构、建筑机械等），应注意知识间的联系。

(2) 实践性强：来自实践又应用于实践，在实践中探索与创新。

2. 学习方法

(1) 课堂教学、习题、课程设计等教学环节。

(2) 参观、录像、网络课堂、课外资料，理论联系实际。

(3) 经验：

理解为本	减薄好记	重复巩固	融会贯通
基础	技巧	功夫	水平

3. 要求

(1) 了解各主要工种工程的施工工艺，具有分析处理施工技术问题的基本能力；

(2) 初步掌握拟定施工方案及组织施工的基本方法；

(3) 对施工学科的发展有一般了解，对现行的施工及验收规范、质量标准有所了解；

(4) 因知识容量大、讲授密度高，上课要精神集中，切勿迟到、旷课；

（5）按时、认真、独立完成作业。

五、教学环节、考核方法

课堂学习→课程设计→实习→毕业设计。

必修考试课。

成绩：平时（出勤、答疑质疑、作业、测验等）占　%；

考试成绩占　%。

第一章 土 方 工 程

第一节 概 述

一、土方工程的分类、特点

1. 施工分类

主要：场地平整；坑、槽开挖；土方填筑。

辅助：施工排、降水；土壁支撑。

2. 施工特点

(1) 量大面广；

(2) 劳动强度大，人力施工效率低、工期长；

(3) 施工条件复杂，受地质、水文、气候影响大，不确定因素多。

3. 施工设计应注意

(1) 摸清施工条件，选择合理的施工方案与机械；

(2) 合理调配土方，使总施工量最少；

(3) 合理组织机械施工，以发挥最高效率；

(4) 做好道路、排水、降水、土壁支撑等准备及辅助工作；

(5) 合理安排施工计划，避开冬、雨期施工；

(6) 制定合理可行的措施，保证工程质量和安全。

二、土的工程分类

按开挖的难易程度分为八类：

一类土（松软土）、二类土（普通土）、三类土（坚土）、四类土（砂砾坚土），用机械或人工可直接开挖；五（软石）、六（次坚石）、七（坚石）、八（特坚石），需爆破开挖。

三、土的工程性质

1. 土的可松性

自然状态下的土经开挖后，体积因松散而增加；以后虽经回填压实，仍不能恢复的性质。

最初可松性系数 $K_S = V_2/V_1$ 1.08～1.5

最后可松性系数 $K'_S = V_3/V_1$ 1.01～1.3

用途：开挖、运输、存放，挖土回填，预留回填用松土。

2. 土的渗透性

土体被水透过的性质，用渗透系数 K 表示。

K 的意义：水力坡度（$I=\Delta h/L$）为 1 时，水穿透土体的速度（$V=KI$）。

K 的单位：常用 m/d。

一般：黏土＜0.1，粗砂 50～75，卵石 100～200。

用途：降水方法及降水计算，回填。

3. 土的密度

天然重力密度 $\rho=16～20\mathrm{kN/m^3}$。

干重力密度 ρ_d——检测填土密实程度的指标（105℃，烘干 3～4h）。

4. 土的含水量

天然含水量 $w=(G_{湿}-G_{干})/G_{干}$——开挖、行车、25%～30%陷车。

最佳含水量——可使填土获得最大密实度的含水量（击实试验、手握经验确定）。

第二节 土方量计算与调配

一、基坑、基槽、路堤土方量

1. 基坑土方量

按拟柱体（有两个面相互平行）法

$$V=(F_下+4F_中+F_上)H/6$$

式中 $F_上$、$F_下$——基坑上、下底面面积；

$F_中$——基坑中部面积；

H——基坑开挖深度。

2. 基槽、路堤土方量

沿长度方向分段计算 V_i，再 $V=\sum V_i$

断面尺寸不变的槽段：$V_i=F_i \times L_i$

断面尺寸变化的槽段：$V_i=(F_{i1}+4F_{i0}+F_{i2})L_i/6$

槽段长 L_i：外墙，取槽底中～中；内墙，取槽底净长。

二、场地平整土方量（方格网法）

（一）确定场地设计标高

考虑的因素：

（1）满足生产工艺和运输的要求；

（2）尽量利用地形，减少挖填方数量；

（3）争取在场区内挖填平衡，降低运输费用；

(4) 有一定泄水坡度，满足排水要求。

场地设计标高一般在设计文件上规定，如无规定：

(1) 小型场地——挖填平衡法

(2) 大型场地——最佳平面设计法（用最小二乘法，使挖填平衡且总土方量最小）

1. 初步标高

(1) 原则：挖填平衡

(2) 方法：划分方格网，找出每个方格各个角点的地面标高（实测法、等高线插入法）

(3) 初步标高：

$$H_0 = \sum(H_{11} + H_{12} + H_{21} + H_{22})/4M$$

或 $$H_0 = (\sum H_1 + 2\sum H_2 + 3\sum H_3 + 4\sum H_4)/4M$$

式中 H_{11}、……、H_{22}——任一方格的四个角点的标高（m）；

M——方格网的格数（个）；

H_1——一个方格共有的角点标高（m）；

H_2——两个方格共有的角点标高（m）；

H_3——三个方格共有的角点标高（m）；

H_4——四个方格共有的角点标高（m）。

2. 场地设计标高的调整

三种情况：按泄水坡度、土的可松性、就近借弃土等调整。

按泄水坡度调整各角点设计标高（图 1-1）：

(1) 单向排水时，各方格角点设计标高为：

$$H_n = H_0 \pm L \cdot i$$

(2) 双向排水时，各方格角点设计标高为：

$$H_n = H_0 \pm L_x i_x \pm L_y i_y$$

图 1-1 双向排水时角点标高调整

【例】 某建筑场地方格网、地面标高如图 1-2 所示，方格边长 $a = 20$m。泄水坡度 $i_x = 2‰$，$i_y = 3‰$，不考虑土的可松性的影响，试确定方格各角点的设计标高。

解：

(1) 初算设计标高

$$H_0 = (\sum H_1 + 2\sum H_2 + 3\sum H_3 + 4\sum H_4)/4M$$

$$= [70.09 + 70.430 + 69.10 + 70.70 + 2 \times (70.40 + 70.95 + 69.71$$

$$+ \cdots\cdots) + 4 \times (70.17 + 70.70 + 69.81 + 70.38)]/(4 \times 9)$$

$$= 70.29 \text{(m)}$$

(2) 调整设计标高

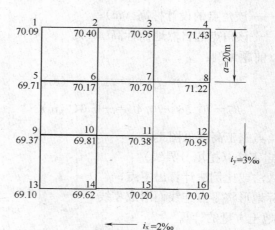

图 1-2　某场地方格网

$$H_n = H_0 \pm L_x i_x \pm L_y i_y$$

$H_1 = 70.29 - 30 \times 2‰ + 30 \times 3‰ = 70.32$

$H_2 = 70.29 - 10 \times 2‰ + 30 \times 3‰ = 70.36$

$H_3 = 70.29 + 10 \times 2‰ + 30 \times 3‰ = 70.40$

其他见图 1-3。

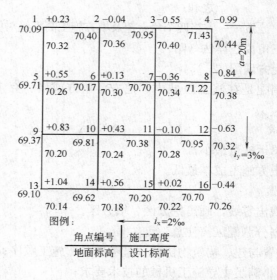

图 1-3　方格网角点设计标高及施工高度

(二) 场地土方量计算

1. 各方格角点的施工高度

$$h_n = H_n - H'_n$$

得 "+" 为填，得 "-" 为挖

式中　H_n——该角点的设计标高（m）；

H'_n——该角点的自然地面标高（m）。

计算以前题为例：

$$h_1 = 70.32 - 70.09 = +0.23 \text{（m）}$$

$$h_2 = 70.36 - 70.40 = -0.04 \text{（m）}$$

其他角点施工高度见图1-3。

2. 确定零线（挖填分界线）

用插入法或比例法计算出零点；

据实际地形将零点连线而形成零线。

3. 场地土方量的计算

分别计算各格挖方量、填方量→场地挖方总量、填方总量。

（1）四角棱柱体法：

1）全挖、全填格：$V_{挖(填)} = a^2(h_1 + h_2 + h_3 + h_4)/4$

式中　h_1、h_2、h_3、h_4——方格各角点挖（或填）施工高度绝对值。

2）部分挖、部分填格：$V_{挖(填)} = a^2 [\sum h_{挖(填)}]^2 / 4\sum h$

式中　$\sum h_{挖(填)}$——方格角点挖（或填）方施工高度绝对值之和；

$\sum h$——方格四个角点挖及填方施工高度绝对值总和。

（2）三角棱柱体法（略）。

三、土方调配

土方调配是在施工区域内，挖方、填方或借、弃土的综合协调。

1. 要求

（1）总运输量最小；

（2）土方施工成本最低。

2. 步骤

（1）找出零线，画出挖方区、填方区。

（2）划分调配区需注意：

1）位置与建、构筑物协调，且考虑开、施工顺序；

2）大小满足主导施工机械的技术要求；

3）与方格网协调，便于确定土方量；

4）借、弃土区作为独立调配区。

调配区划分示例见图1-4。

（3）找各挖、填方区间的平均运距（即土方重心间的距离）。

（4）列挖、填方平衡及运距表（图1-4的挖、填方平衡及运距见表 1-1)。

(5) 调配：

1) 方法：最小元素法——就近调配。

2) 顺序：先从运距小的开始，使其土方量最大。

调配结果见表 1-2。

结论：所得运输量较小，但不一定是最优方案（总运输量 97000$m^3 \cdot m$）。

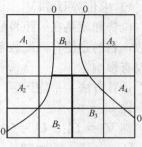

图 1-4　调配区划分示例

挖、填方平衡及运距表　　　　　表 1-1

挖 ＼ 填	B_1	B_2	B_3	挖方量 (m^3)
A_1	50	70	100	500
A_2	70	40	90	500
A_3	60	110	70	500
A_4	80	100	40	400
填方量	800	600	500	1900

按最小元素法调配土方　　　　　表 1-2

挖 ＼ 填	B_1	B_2	B_3	挖方量 (m^3)
A_1	500 〔50〕	〔70〕	〔100〕	500
A_2	〔70〕	500 〔40〕	〔90〕	500
A_3	300 〔60〕	100 〔110〕	100 〔70〕	500
A_4	〔80〕	〔100〕	400 〔40〕	400
填方量	800	600	500	1900

m 行

n 列

(6) 画出调配图（略）。

3. 调配方案的优化（线性规划中—表上作业法）

(1) 确定初步调配方案（如上）

要求：有几个独立方程土方量要填够几个格，即应填 $m+n-1$ 个格，不足时补"0"。

如：例中已填 6 个格，而 $m+n-1=3+4-1=6$，满足。

(2) 判别是否最优方案

用位势法求检验数 λ_{ij}，若所有 $\lambda_{ij} \geqslant 0$，则方案为最优解。

1）求位势 U_i 和 V_j

位势和就是在运距表的行或列中用运距（或单价）同时减去的数，目的是使有调配数字的格检验数为零，而对调配方案的选取没有影响。

计算方法：平均运距（或单方费用）$C_{ij} = U_i + V_j$

设 $U_1 = 0$

则 $V_1 = C_{11} - U_1 = 50 - 0 = 50$

$U_3 = C_{31} - V_1 = 60 - 50 = 10$

$V_2 = 110 - 10 = 100$

······

见表 1-3。

位势计算表　　　　　　　　　　　表 1-3

挖 ＼ 填 位势数	位势数	B_1	B_2	B_3
位势数　V_j ＼ U_i		$V_1 = 50$	$V_2 = 100$	$V_3 = 60$
A_1	$U_1 = 0$	500 ⬚50	⬚70	⬚100
A_2	$U_2 = -60$	⬚70	500 ⬚40	⬚90
A_3	$U_3 = 10$	300 ⬚60	100 ⬚110	100 ⬚70
A_4	$U_4 = -20$	⬚80	⬚100	400 ⬚40

2）求检验数 λ_{ij}

$\lambda_{ij} = C_{ij} - U_i - V_j$

$\lambda_{11} = 50 - 0 - 50 = 0$（有土方格的检验数必为零）

空格的检验数：

$\lambda_{12} = 70 - 0 - 100 = -30$

$\lambda_{13} = 100 - 0 - 60 = 40$

$\lambda_{21} = 70 - (-60) - 50 = 80$

$\lambda_{23} = 90 - (-60) - 60 = 90$

······

各格的检验数见表 1-4。

表中，λ_{12} 为 "－" 值，故初始方案不是最优方案，应对其进行调整。

（3）方案调整

调整方法——闭回路法；

调整顺序——从负值最大的格开始。

1）找闭回路

沿水平或垂直方向前进，遇适当的有数字的格可转 90°弯，直至回到出发点（表1-5）。

求检验数　　　　表 1-4

挖＼填 位势数	位势数 V_j / U_i	B_1 $V_1=50$	B_2 $V_2=100$	B_3 $V_3=60$
A_1	$U_1=0$	0	−30 〔70〕	+40 〔100〕
A_2	$U_2=-60$	+80 〔70〕	0	+90 〔90〕
A_3	$U_3=10$	0	0	0
A_4	$U_4=-20$	+50 〔80〕	+20 〔100〕	0

找闭回路　　　　表 1-5

挖＼填	B_1	B_2	B_3
A_1	500 ←	X_{12}	
A_2		500	
A_3	300 →	100	100
A_4			400

2）调整调配值

从空格出发，在奇数次转角点的数字中，挑最小的土方数调到空格中。且将其他奇数次转角的土方数都减、偶数次转角的土方数都加这个土方量，以保持挖填平衡，见表1-6。

方案调整表　　　　表 1-6

挖＼填	B_1	B_2	B_3
A_1	(400) 500 ←	(100) X_{12}	
A_2		500	
A_3	300 (400)	100 (0)	100
A_4			400

3）再求位势及检验数

见表1-7。

重复以上步骤，直到全部 $\lambda_{ij} \geqslant 0$，而得到最优方案解。

（4）绘出调配图

土方调配图见图1-5。

（5）最优方案的总运输量

$400 \times 50 + 100 \times 70 + 500 \times 40 + 400 \times 60 + 100 \times 70 + 400 \times 40 = 94000 \mathrm{m}^3 \cdot \mathrm{m}$。

位势及检验数计算表 表 1-7

挖 ＼ 填	位势数 $\dfrac{V_j}{U_i}$	B_1 $V_1=50$		B_2 $V_2=70$		B_3 $V_3=60$	
A_1	$U_1=0$	0	50	0	70	+40	100
A_2	$U_2=-30$	+50	70	0	40	+60	90
A_3	$U_3=10$	0	60	+30	110	0	70
A_4	$U_4=-20$	+50	80	+50	100	0	40

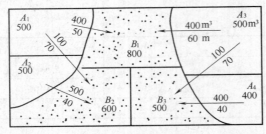

图 1-5 土方调配图

第三节 排水与降水

一、降低地下水位的目的

1. 防止涌水、冒砂，保证在较干燥的状态下施工；
2. 防止滑坡、塌方、坑底隆起；
3. 减少坑壁支护结构的水平荷载。

二、流砂及其防治

1. 动水压力

动水压力是地下水在渗流过程中受到土颗粒的阻力，水流对土颗粒产生的压力，见图 1-6。

动水压力的大小与水力坡度成正比，方向同渗流方向。

$$G_D = I\gamma_w = (\Delta h / L)\gamma_w$$

式中 I——水力坡度；

γ_w——水的重力密度；

Δh——水头差；

L——渗流距离。

2．流砂原因

动水压力大于或等于土的浸水重度（$G_D \geqslant \gamma'$）时，土粒被水流带到基坑内。主要发生在细砂、粉砂、轻粉质黏土、淤泥中。

3．流砂的防治

减小动水压力（板桩等，增加 L）；

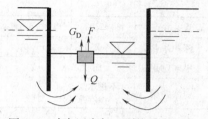

图1-6 动水压力与土颗粒受力示意

平衡动水压力（抛石块、水下开挖、泥浆护壁）；

改变动水压力的方向（井点降水）。

三、降排水方法

1．集水井法（明排水法）

挖至地下水位时，挖排水沟→设集水井→抽水→再挖土、沟、井→……。

（1）排水沟：沿坑底四周设置，底宽≥300mm，沟底低于坑底500mm，坡度1%。

（2）集水井：坑底边角设置，间距20～40m，直径0.6～0.8m，井底低于坑底1～2m。长期使用，需护壁和碎石压底。

（3）水泵：离心泵、潜水泵、污水泵等。

（4）用于土质较好、水量不大、基坑可扩大情况下。砂土时易滑坡。

2．井点降水法

（1）特点：效果明显，使土壁稳定、避免流砂、防止隆起、方便施工。

可能引起周围地面和建筑物沉降。

（2）井点类型及适用范围，见表1-8。

井点类型、适用范围及主要原理 　　表1-8

井点类型	土层渗透系数（m/d）	降低水位深度（m）	最大井距（m）	主要原理
单级轻型井点	0.1～20	3～6	1.6～2	地上真空泵或喷射嘴真空吸水
多级轻型井点		6～20		
喷射井点	0.1～20	8～20	2～3	高压水喷射带出地下水
电渗井点	＜0.1	5～6	电极距1	钢筋阳极加速渗流

续表

井点类型	土层渗透系数 (m/d)	降低水位深度 (m)	最大井距 (m)	主要原理
管井井点	20～200	3～5	20～50	单井离心泵抽水
深井井点	10～250	25～30	30～50	单井深井潜水泵排水
水平辐射井点	大面积降水			水平管引水至大口井后,用泵排出
引渗井点	不透水层下有渗存水层			打穿不透水层,引水至基底以下的下一存水层

四、轻型井点降水设计与施工

1. 井点设备

(1) 井管: $\phi38$、$\phi51$, 长 5～7m (常用 6m), 无缝钢管, 丝扣连滤管;

(2) 滤管: $\phi38$、$\phi51$, 长 1～1.7m, 开孔 $\phi12$, 开孔率 20%～25%, 包滤网;

(3) 总管: 内 $\phi127$ 无缝钢管, 每节 4m, 每隔 0.8m、1m 或 1.2m 有一短接口;

(4) 弯连管: 使用透明塑料管、胶管或钢管, 宜有阀门;

(5) 抽水设备

1) 真空泵式——真空度较高、体形大、耗能多、构造复杂;

2) 射流泵式——简单、轻小、节能;

3) 隔膜泵式 (少用)。

2. 井点布置

(1) 平面布置

1) 单排: 在沟槽上游一侧布置, 每侧超出沟槽 $\geqslant B$ (见演示图)。

用于沟槽宽度 $B \leqslant 6m$, 降水深度 $\leqslant 5m$。

2) 双排: 在沟槽两侧布置, 每侧超出沟槽 $\geqslant B$ (见演示图)。

用于沟槽宽度 $B > 6m$, 或土质不良。

3) 环状: 在坑槽四周布置 (见演示图)。

用于面积较大的基坑。

(2) 高程布置 (见演示图)

井管埋深: $H_{埋} \geqslant H_1 + h + iL$

式中 H_1——埋设面至坑底距离;

h——降水后水位线至坑底最小距离 (取 0.5～1m);

i——地下水降落坡度, 环状 1/10, 线状 1/4;

L——井管至基坑中心 (环状) 或另侧 (线状) 距离。

当 $H_埋 > 6m$ 时：降低埋设面；采用二级井点；改用其他井点。

3. 计算涌水量 Q（环状井点系统）

（1）判断井型（见演示图）

按是否承压水层：承压井；

无压井。

按滤管与不透水层的关系：完整井——到不透水层；

非完整井——未到不透水层。

（2）无压完整井计算（积分解）

$$Q = 1.366K(2H-S)S/(\lg R - \lg X_0) \quad (m^3/d)$$

式中　K——土层渗透系数（m/d）；

H——含水层厚度（m）；

S——水位降低值（m）；

R——抽水影响半径（m），$R = 1.95S(HK)^{1/2}$；

X_0——环状井点系统的假想半径（m）；当长宽比 $A/B \leqslant$ 2.5 时，$X_0 = (F/\pi)^{1/2}$，否则 $X_0 = \eta(A+B)/4$；

F——井点系统所包围的面积；

η——调整系数，见表1-9。

调整系数 η　　　表1-9

A/B	0	0.2	0.4	0.6	0.8	1.0
η	1.0	1.12	1.14	1.16	1.18	1.18

（3）无压非完整井计算（近似解）

以有效影响深度 H_0 代替含水层厚度 H，用上式计算 Q。H_0 的确定方法，见表1-10。

无压非完整井抽水有效影响深度的计算　　　表1-10

$S'/(S'+l)$	0.2	0.3	0.5	0.8
H_0	$1.3(S'+l)$	$1.5(S'+l)$	$1.7(S'+l)$	$1.85(S'+l)$

若 $H_0 > H$，则取 $H_0 = H$ 计算。计算 R 时，也应以 H_0 代入。

（4）承压完整井

$$Q = 2.73KMS/(\lg R - \lg X_0) \quad (m^3/d)$$

式中　M——承压含水层厚度（m）；

S——基坑中心水位下降（m）；

R——影响半径，取 $R = 10S \cdot K^{1/2}$（m）。

4. 确定井管的数量与间距

（1）单井出水量：$q = 65\pi dl K^{1/3} \quad (m^3/d)$

式中 d、l——滤管直径、长度（m）。

（2）最少井管数：$n'=1.1Q/q$（根），1.1 为备用系数。

（3）最大井距：$D'=L_{总管}/n'$（m）。

取井距 D $\begin{cases} \leqslant D' \\ >15d \\ \text{符合总管的接头间距。} \end{cases}$

5. 轻型井点施工

（1）井点埋设方法

成井方法 $\begin{cases} \text{水冲法：水枪（高压水）} \\ \text{钻孔法：反循环钻、冲击钻} \\ \text{振动水冲法} \end{cases}$

埋设要求见图 1-7。

（2）使用要求

开挖前 2～5d 开泵降水；

连续抽水不间断，防止堵塞。

（3）注意问题

1）真空度 0.6～0.7 大气压；

2）死管：检查、变活；

3）设观测井检查水位下降情况。

（4）拔除井管

基坑回填后；卷扬机、支架；$\phi51\times6.5m$ 上拔力 1.2～1.8t。

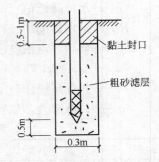

图 1-7 轻型井点埋设构造要求

五、降水与地面沉降

（一）沉降原因

1. 随水流带出细微颗粒；

2. 土层的含水量降低，产生固结。

（二）预防沉降的措施

1. 回灌井点技术

在降水井点与建（构）筑物之间设置一排回灌井点。降水的同时向土层内灌水，形成一道隔水帷幕（使建筑物下的水位下降≤1m）。

2. 设置止水帷幕

设板桩、地下连续墙、水泥土挡墙，压密注浆法，冻结法。

3. 减少土颗粒损失

（1）减缓降水速度；

（2）据土的粒径选择滤网；

（3）确保井点砂滤层（3～8mm 粒径）的厚度和施工质量。

第四节　边坡与支护

一、土方边坡

(一)影响边坡稳定的因素

1. 边坡稳定的条件

土体的重力及外部荷载所产生的剪应力小于土体的抗剪强度。即：$T<C$，见图1-8。

式中　T——土体下滑力。下滑土体的分力，受坡上荷载、雨水、静水压力影响；

　　　C——土体抗剪力。由土质决定，受气候、含水量及动水压力影响。

2. 确定边坡大小的因素

土质、开挖深度、开挖方法、留置时间、排水情况、坡上荷载（动、静、无）。

(二)放坡与护面

1. 直壁（不加支撑）的允许深度

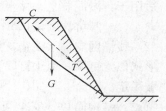

图1-8　边坡稳定条件示意

砂土和砂填碎石土：1.00m；粉土及粉质黏土：1.25m；黏土和黏填碎石土：1.50m；坚硬的黏土：2.0m。

2. 放边坡

(1) 边坡坡度 $i＝\tan\alpha＝H/B＝1:(B/H)＝1:m$，见图1-9。

式中　m——坡度系数，$m＝B/H$。

(2) 边坡形式：斜坡、折线坡、踏步（台阶）式。

(3) 最陡坡度规定：土质均、水位低、留置时间短、深5m以内，见演示盘表格。

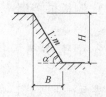

图1-9　边坡坡度示意

3. 边坡护面措施

覆盖法，挂网法，挂网抹面法，土袋、砌砖压坡法，喷射混凝土法，土钉墙。

二、支护结构

当地质条件和周围环境不允许放坡时使用。

(一)沟槽支护

常用横撑式支撑——适用于较窄且施工操作简单的管沟、

基槽。

（1）水平衬板式（构造见演示图）：

断续式——深度 3m 内；

连续式——深度 5m 内。

（2）垂直衬板式：深度不限（构造见演示图）。

（二）基坑支护

1. 土钉墙与喷锚支护

属边坡稳定型支护。

（1）土钉墙支护

随分层开挖，在边坡表面每隔 1.5m 左右打设一土钉，并铺钢筋网喷射细石混凝土面板，形成复合体以加固边坡。

特点：结构简单、施工方便快速、节省材料、费用较低。

适用于：淤泥质土、黏土、粉土等且无地下水的土层；

　　　　基坑深度≤12m；增加预应力锚杆时≤15m。

（2）喷锚网支护（喷锚支护）

形式似土钉墙，但土钉以预应力锚杆代替，通过锚杆的拉力使边坡稳定。

特点：结构简单，安全可靠；施工简单、不占工期、费用较低。

适用于：稳定土层、地下水位低，无流砂或淤泥质土层；

　　　　开挖深度≤18m（硬塑土可放宽；风化岩、页岩等深度不限）。

2. 支护挡墙

（1）挡墙形式

1）板桩挡墙

① 钢板桩挡墙——一字形、"U"形和"Z"形，能挡土、止水；

② 型钢横挡板挡墙——工字钢、槽钢或 H 型钢，不能止水。

特点：工具式，费用较低。

适用：深 5~10m 的基坑。

2）排桩式挡墙

常用：钻孔、挖孔灌注桩；单排，双排。

特点：刚度较大，抗弯强度高；一次性使用，无止水性能。

适于：黏性土、砂土、深度＞6m 的基坑，以及邻近建筑物、道路、管线的工程。

3）水泥土挡墙

通过深层搅拌、旋喷方法将喷入的水泥与土掺合而成，属重力式挡墙。

功能：挡土、截水。

适用于：淤泥质土、黏土、粉土、夹砂层的土、素填土等土层；

深度为5～7m的基坑。插入H型钢，可达8～10m。

4) 板墙式挡墙

地下连续墙——现浇或预制。

作用：防渗、挡土，地下室外墙的一部分。

特点：刚度大，整体性好。技术复杂，费用较高。

适用于：坑深大，土质差，地下水位高；邻近有建（构）筑物，采用逆做法施工。

工艺过程：作导槽→钻槽孔→放钢筋笼→水下灌注混凝土→基坑开挖与支撑。

(2) 挡墙的支撑形式

1) 悬臂式——底部嵌固于土中，用于基坑深度较小者（＜5m）；

2) 斜撑式——基坑内有支设位置；

3) 锚拉式——在滑坡面以外能打设锚桩，再以钢索拉住挡墙（坑深＜12m）；

4) 锚杆式——地面上有障碍或基坑深度大；

5) 水平支撑式——地面上下有障碍或土质较差等（对撑、角撑、桁架、圆形、拱形）。

3. 逆作拱墙支护

随分层开挖随浇筑钢筋混凝土墙体。壁厚≥400mm，竖向分段高度≤2.5m。

适用于：基坑平面为圆形、椭圆形、方形的基坑，面积、深度不大。

4. 复合支护

(1) 复合土钉墙

土钉墙＋预应力锚杆：基坑深度≤15m。

土钉墙＋微型桩：以微型桩做超前支护，保证开挖时土体稳固。

土钉墙＋水泥土挡墙：加固土体，有止水功能。

(2) 加劲水泥土挡墙

水泥土挡墙＋H型钢＋顶部连梁：形成非重力式挡墙；挡土、止水。

（3）混凝土桩＋水泥土桩（墙）止水帷幕。

（4）地下连续墙＋水泥土墙：施工加固。

第五节 土方工程机械与开挖

一、土方机械的类型

1. 挖掘机械［单斗（正铲、反铲、拉铲、抓铲）；多斗］；

2. 挖运机械（推土机、装载机、铲运机）；

3. 运输机械（自卸汽车、翻斗车等）；

4. 密实机械（压路机、蛙式夯、振动夯等）。

二、常见土方机械的特点、适用范围及作业方法

1. 推土机

主要有液压式、索式；固定式、回转式。

（1）工作特点：用途多，费用低；

（2）适用于：平整场地——运距在 100m 内、一～三类土的挖运，压实；

　　　　　　　坑槽开挖——深度在 1.5m 内、一～三类土；

（3）作业方法：并列推土，下坡推土，槽形推土，多次切土一次推运，斜角填土。

2. 铲运机

主要有自行式、拖式。

（1）工作特点：运土效率高；

（2）适用于：运距 60～800m、一～二类土的大型场地平整或大型基坑开挖；堤坝、道路填筑等；

（3）作业方法：环形、"8"字形、锯齿形线路；下坡铲土法，跨铲法，助推法。

3. 单斗挖土机

（1）正铲挖土机：W_1-50、W_1-100、W_1-200 万能机，WY-100，WY-160。

1）工作特点："前进向上，强制切土"；挖土、装车效率高，易与汽车配合；

2）适用于：停机面以上、含水量 27% 以下、一～四类土的大型基坑开挖；

3）作业方法：正向挖土后方卸土，正向挖土侧向卸土。

（2）反铲挖土机：

1）工作特点："后退向下，强制切土"，可与汽车配合；

2）适用于：停机面以下、一～三类土的基坑、基槽、管沟开挖；

3) 作业方法：沟端开挖——挖宽 $0.7 \sim 1.7R$，效率高、稳定性好；

沟侧开挖——挖宽 $0.5 \sim 0.8R$。

（3）拉铲挖土机：

1) 工作特点："后退向下，自重切土"；开挖深度、宽度大，甩土方便；

2) 适用于：停机面以下、一～二类土的较大基坑开挖，填筑堤坝，河道清淤。

（4）抓铲挖土机：

1) 工作特点："直上直下，自重切土（索具式）"，效率较低；

2) 适用于：停机面以下、一～二类土的、面积小而深度较大的坑、井、槽开挖。

三、自卸汽车与挖土机的配套

1. 原则：保证挖土机连续工作；

2. 汽车载重量：以装 $3 \sim 8$ 斗土为宜；

3. 汽车数量：$N=$ 汽车每一工作循环的延续时间 T/每次装车时间 t；

或　　　　　　$N=$（挖土机台班产量 $P_挖$/汽车台班产量 $P_汽$）$+1$。

四、开挖方式与注意问题

1. 基坑开挖方式

（1）下坡分层开挖——$1 ：（7 \sim 8）$的坡道；

（2）墩式开挖——用于无修坡道的场地，搭设栈桥时；

（3）盆式开挖——用于逆做法施工等。

2. 开挖注意问题

（1）挖前先验线；

（2）与支护协调配合，防止滑塌和水流入；

（3）出土及时清运，堆土距坑边 0.8m 以外，高≤1.5m；

（4）加强测量防超挖，严禁扰动基底土（预留层、保护层、人工清底）；

（5）发现文物、古墓停挖，上报，待处理；

（6）注意安全，雨后复工先检查。

第六节　土　方　填　筑

一、土料选择和填筑方法

1. 土料选择

（1）不能用的土：冻土、淤泥、膨胀性土、有机物＞8％的土、可溶性硫酸盐＞5％的土。

（2）不宜用的土：含水量过大的黏性土。

2. 填筑方法

（1）水平分层填土。填一层，压实一层，检查一层。

（2）无限制的斜坡填土先切出台阶，高×宽＝（0.2～0.3m）×1m。

（3）透水性不同的土不得混杂乱填，应将透水性好的填在下部（防止水囊）。

二、压实方法与要求

1. 压实方法

（1）碾压法——大面积填筑工程。滚轮压力。压路机、平碾、羊足碾等。

（2）夯实法——小面积填筑工程。冲击力。蛙式夯、柴油夯、人工夯等。

（3）振动法——非黏性土填筑。颗粒失重、排列填充。振动夯、平板振荡器。

2. 影响压实质量的因素

（1）机械的压实功（吨位、冲击力与压实遍数）；

（2）铺土厚度——不同机械有效影响深度不同；

（3）含水量——小则不粘结、摩阻大，大则橡皮土；应为最佳含水量。

3. 要求

（1）每层铺土厚度与压实遍数，见表1-11。

铺土与压实要求　　　　　　　　　　　　表 1-11

压实机具	每层虚铺厚度（mm）	压实遍数
压路机、平碾	200～300	6～8
羊足碾	200～350	8～16
振动夯	250～350	3～4
蛙式夯	200～250	3～4
人工夯	＜200	3～4

（2）含水量调整与橡皮土处理：

1）过大——翻松、晾晒、掺入干土或石灰；

2）过小——洒水湿润、增加压实功；

3）橡皮土——彻底清除，轻压薄铺。

三、压实质量检查

1. 内容——密实度。

指标——干密度 ρ_d。

方法——环刀取样，测干密度。

2. 要求：$\rho_d \geqslant D_y \rho_{dmax}$。

式中　D_y——压实系数（一般场地平整 0.9，填土作地基 0.96）；

ρ_{dmax}——该种土质的最大干密度（击实试验确定）。

3. 取样：

（1）方法与数量：分层进行，按面积（平场 400～900m²，回填 100～500m²，垫层 20～50m²）每层不少于 1 组。

（2）位置：该层下半部。

第二章 深基础工程

第一节 概 述

一、深基础的类型

桩基础、墩基础、沉井基础、沉箱基础、地下连续墙。

二、桩基础组成与种类

1. 组成

若干根桩，承台（或承台梁）。

2. 种类

（1）按受力性质分：摩擦桩；端承桩；抗拔桩；

（2）按材料分：钢、混凝土、钢筋混凝土、钢管混凝土；

（3）按形状分：方、圆、多边、管、变形（带分支、盘、扩底、螺纹）；

（4）按制作方法分：

1）**预制桩——按沉桩方法分：锤击法；振动法；静力压桩法；水冲法。**

2）**灌注桩——按成孔方法分：钻孔法；沉管法；爆扩法；人工挖孔法。**

（5）按与土体关系分：挤土桩、非挤土桩、注浆桩。

第二节 钢筋混凝土预制打入桩的施工

一、预制桩的制作、运输和堆放

1. 制作

宜由工厂加工：

（1）叠制≤4层，注意上下隔离，下层混凝土强度达30％后再上层；

（2）钢筋接长用对焊，接头错开；

（3）混凝土由桩顶至桩尖连续浇筑，注意养护与保护；

（4）预应力管桩离心成型，直径400～500mm，壁厚80～100mm，节长8～10m，C60。

2. 运输

(1) 混凝土强度:

起吊移位——≥70%设计强度;

运输、起吊就位——≥100%设计强度。

(2) 合理吊点(正负弯矩相同则均小):

一点吊——距顶 0.31L($L=5\sim10$m), 0.29L($L=11\sim16$m);

两点吊——距顶、距尖 0.207L。

(3) 吊、运平稳,避免损坏,最好一次就位。

3. 堆放

高度不超过四层;

地面坚实、平整,垫长枕木;

支承点在吊点位置,垫木上下对齐。

二、打桩设备(桩锤、桩架、动力装置)

1. 桩锤

(1) 作用:对桩施加冲击力。

(2) 类型与特点,见表 2-1。

常用桩锤类型与特点　　　　表 2-1

类型		冲击部分重量 (t)	冲击频率 (次/min)	适用条件
柴油锤	导杆式	1.8～22	35～60	打各桩,土适中
	筒式	0.8～22	37～80	打各桩,土适中
液压锤		2～40	20～70	打各种桩、水下、拔桩
振动锤	电动	总重 4～58	600～1200	打各种桩、拔桩
	液压	总重 2～10	800～3600	打各种桩、拔桩

(3) 桩锤类型型号的选择:应据现场环境、地质条件、桩的种类、现有设备、质量与工期要求以及经济效益等综合考虑。

2. 桩架

作用:悬吊桩锤;吊桩就位;打桩导向。

常用形式:多功能桩架;履带式桩架;步履式桩架。

3. 其他设施或装置

动力、操控、监测等。

三、打桩施工

(一) 准备工作

1. 场地准备:清除地上、地下障碍物,平整、压实场地,设置排水沟。

2. 放轴线、定桩位、设置水准点≥2个。

3. 确定打桩顺序：

(1) 当桩距<4倍桩径（或断面边长）时，可以：

1) 自中间向两侧对称打；

2) 自中间向四周环绕或放射打；

3) 分段对称打。

(2) 当桩距≥4倍桩径（边长）时，可不考虑土被挤密的影响，按施工方便的顺序打；

(3) 规格不同，先大后小；

(4) 标高不同，先深后浅。

4. 进行打桩试验：≥2根，检验工艺、设备是否符合要求。

（二）打桩工艺

1. 工艺顺序

设置标尺→桩机就位→吊桩就位→扣桩帽、落锤、脱吊钩→轻打→正式打（接桩，截桩，静、动载试验，承台施工）。

2. 要点

(1) 采用重锤低击，开始要轻打；

(2) 注意贯入度变化，做好打桩记录（编号、每米锤击数、桩顶标高、最后贯入度等）；

(3) 如遇异常情况，暂停施打，与有关单位研究处理：

1) 贯入度剧变；

2) 桩身突然倾斜、位移、回弹；

3) 桩身严重裂缝或桩顶破碎。

(4) 接桩方法：

1) 浆锚法——铺灌硫磺砂浆、插筋；

2) 焊接法——埋件焊接；

3) 机械连接法——铺灌环氧树脂，卡片连接件。

（三）质量要求

1. 桩的最后贯入度和沉入标高满足设计要求

(1) 端承桩——控制最后贯入度为主，标高为辅；

(2) 摩擦桩——控制沉桩标高为主，贯入度为辅。

2. 偏差在允许范围内

(1) 平面位置：

1) 排桩——偏轴≤100mm，顺轴≤150mm；

2) 群桩——≤1/3桩径或边长。

(2) 垂直度：≤0.5%。

3. 桩不受损

桩顶、桩身不坏，桩顶下 1/3 桩长内无水平裂缝。

第三节 灌注桩施工

一、钻孔灌注桩

特点：施工无振动、无噪声，但比同径预制桩承载力低、沉降量大。

（一）干作业成孔法（用于无地下水或已降水）

1. 成孔机械

（1）旋挖钻：钻孔径 600～3000mm，成孔深度可达 110m。

（2）螺旋钻：钻杆长 10～20m，ϕ400～600。

（3）挤土钻：可一次完成挤土成孔、压灌混凝土成桩；桩身可带螺纹，承载力高；

　　　　　　钻杆长 10～20m，ϕ400～600。

2. 传统施工法

（1）工艺顺序

平整场地，挖排水沟→定桩位→钻机对位、校垂直→开钻出土→清孔→检查垂直度及虚土情况→放钢筋骨架→浇混凝土。

（2）施工要点

1）土质差、有振动、间距小时，间隔钻孔制作；

2）及时灌注混凝土，防止孔壁坍塌；

3）浇混凝土时要放护筒，并保证混凝土密实。

（3）质量要求

1）偏差要求：位置偏差：≤70mm 或 150mm；垂直度偏差≤1％。

2）孔底虚土厚度：端承桩≤50mm；摩擦桩≤150mm。

3）避免出现缩径和断桩。

3. 后插筋施工法

钻孔后，随灌注混凝土随提钻，移开钻杆后随振动插入钢筋骨架。

优点：施工速度快、承载力高，可减少塌孔、颈缩和桩底需土。

（二）泥浆护壁成孔法（用于有地下水）

1. 成孔机械

（1）旋挖钻——用于黏性土、砂土、砂砾层、卵石、漂石、软质岩（多种钻斗）。

（2）冲抓锥——用于黏性土、粉土、砂土、砂砾层、软质岩。

（3）冲击钻——用于黏性土、碎石土、砂土、风化岩。

（4）潜水电钻——用于黏性土、淤泥土、砂土、碎石土 ⎤ 正循环排渣或

（5）回转钻——用于黏性土、淤泥、砂土、软质岩 ⎦ 反循环排渣。

2. 施工

（1）工艺顺序：平整场地、挖排水沟→定桩位→埋护筒→配泥浆→钻孔、灌泥浆→清孔→放钢筋骨架→水下灌注混凝土。

（2）要点：

1）护筒：直径比钻头大 100mm，开设 1～2 个溢浆口，埋入土中 ≥1m；

2）泥浆：密度 1.1～1.15g/cm^3（黏土时可自造），随钻随灌，保持高于水位面；

3）水下灌注要求：

① 钢筋的混凝土保护层厚度 ≥50mm（混凝土垫块）；

② 混凝土 ≥C20，坍落度 16～22cm，骨料粒径 ≤30mm；

③ 导管最大外径比钢筋笼内径小 100mm 以上；

④ 能埋管 ≥500mm 后剪断悬吊隔水栓的铁丝；

⑤ 提管时保证混凝土埋管始终 ≥1m。

二、套管成孔灌注桩

1. 特点

能在土质很差、地下水位很高时施工。

2. 施工方法

（1）沉管法（锤击钢管、振动钢管、静压钢管）；

（2）套管钻进法（螺旋钻跟管钻进；边摇动或转动钢管下沉，边用抓斗跟进挖土）。

3. 沉管法施工

（1）工艺顺序

桩尖、钢管就位→沉管→检查管内有无泥水→吊放钢筋笼→浇灌混凝土→提管。

（2）施工要点

1）防止钢管内进入泥浆、水；

2）宜灌满混凝土后再随拔管随灌注，并轻打或振动；

3）桩的中心距小于 5 倍管径或 2m 时，均应跳打。混凝土达 50% 后再补打；

4）防止缩径、断桩及吊脚桩。

（3）提高桩承载力的方法

1）单打法——灌满混凝土后，每原位振动 5～10s，再上拔 0.5～1m。

2）复打法——单打时不放钢筋笼，混凝土初凝前原位打入、插筋灌注。

3）反插法——单振法拔管时，每上拔 0.5～1m，向下反插 0.3～0.5m。

三、人工挖孔灌注桩

1. 用于：孔径大于 800mm、土质较好、无地下水的工程。

2. 要求：护壁、通风、联络、照明、人员上下设施齐全。

第四节　其他深基础施工

一、地下连续墙

1. 用途

深基坑的支护结构＋建筑物的深基础。

2. 特点

刚度大，既挡土又挡水，可用于任何土质，施工无振动、噪声低；成本高，施工技术复杂，需专用设备，泥浆多、污染大。

3. 施工工艺顺序：

（1）总体：导墙施工→划分单元槽段→跳施单元槽段→连接槽段施工。

（2）每一单元槽段：槽段开挖→清孔→插入接头管和钢筋笼→水下浇筑混凝土→（初凝后）拔出接头管。

4. 支承及与基础底板、结构墙体的连接

见高层建筑施工。

二、墩基础

1. 特点

一柱一墩，强度、刚度大，多为人工挖孔。

埋深>3m，直径>0.8m（多为 1～5m），高径比小于 6。

2. 施工工艺

护壁挖孔→扩底→放入钢筋笼→浇筑混凝土。

3. 施工方法

1）人挖人扩底；

2）机钻人扩底，干法；

3）机钻机扩底，湿法。

三、沉井基础

1. 用途：重型设备基础；桥墩；取水结构；超高层建筑物基础；

2. 下沉形式：重力下沉；振动下沉（振动锤联动）；

3. 工艺顺序：制作安放刃脚→分节浇筑沉井和开挖下沉→（井内混凝土施工）；

4. 主要方法（一次下沉；分节下沉）：

（1）制作带刃脚的钢筋混凝土或钢井筒，可设内隔墙，可竖向分段；

（2）井筒内挖土或水力吸泥后，井筒靠自重或增加振动逐步下沉，边挖、边沉、边接高；

（3）沉至设计标高后用混凝土封底防水渗，浇钢筋混凝土底板，或内填；

（4）若沉井为内空的地下结构物，则浇筑钢筋混凝土顶板。

第三章　砌筑工程

第一节　概　述

1. 砌筑工程——指用砂浆等胶结材料将砖、石、砌块等块材垒砌成坚固砌体的施工。

2. 砌筑工程的特点——取材方便，施工简单，成本低廉，历史悠久；劳动量及运输量大，生产效率低，浪费资源多。

第二节　砌筑材料的准备

一、块材

1. 砖（强度等级、外观验收）

（1）普通黏土砖，灰砂砖、粉煤灰砖

240mm×115mm×53mm；

MU7.5，MU10，MU15，MU20。

（2）烧结多孔砖（承重）

P 型：240mm × 115mm × 90mm；M 型：190mm × 190mm×90mm；

MU7.5，MU10，MU15，MU20。

（3）烧结空心砖（非承重）

240mm×240mm×115mm，300mm×240mm×115mm；

MU2，MU3，MU5。

注：烧结砖使用前 1～2d 浇水（相对含水率 60%～70%，其他 40%～50%）。

2. 小型砌块（长 180～350mm）

规格：主规格 390mm × 190mm × 190mm，辅助——长 290mm、190mm、90mm；

强度等级：MU20，MU15，MU10，MU7.5，MU5。

种类：

普通混凝土空心砌块（炎热干燥时，提前喷水湿润）。

轻骨料混凝土空心砌块（提前 2d 浇水，含水量 5%～8%）。

加气混凝土砌块（砌时向砌筑面适量浇水）。

3. 中型砌块（长 360～900mm）

混凝土空心砌块，粉煤灰硅酸盐砌块（MU100、MU150）。

4. 石材（MU20、MU30～MU100 九级）

① 料石——经加工，外观规矩，尺寸均≥200mm；

② 毛石——未经加工，厚≥150mm，体积≥0.01m³。

二、砂浆

1. 种类

（1）石灰砂浆；

（2）水泥砂浆；

（3）混合砂浆（水泥砂浆中掺入无机或有机塑化剂）。

2. 要求

（1）原材料合格：

1）水泥强度等级宜不大于 32.5 级，不过期，不混用；

2）生石灰块熟化≥7d；

3）磨细生石灰粉熟化≥2d，禁用脱水硬化的石灰膏；

4）洁净中砂，≥M5：含泥量≤5％，<M5：≤10％；

5）水洁净，不含有害物。

（2）种类及强度等级符合设计要求；配比严格、按规定做试块（每层、每 250m³、每机、每班、每种≥1组）；

（3）稠度适当：

1）烧结普通砖——7～9cm；

2）空心砖、多孔砖——6～8 cm；

3）普通混凝土、加气混凝土砌体——5～7cm；

4）石砌体——3～5cm。

（4）保水性好（适当掺入塑化剂）；

（5）配比准确，搅拌均匀：水泥、有机塑化剂±2％，其他 5％；

搅拌时间≥2min，掺塑化剂≥3min。

（6）限制使用时间：

1）水泥砂浆拌后 2～3h 内用完；

2）水泥混合砂浆 3～4h 内用完（气温高于 30℃时均取低限）。

第三节　垂直运输与脚手架

一、垂直运输

1. 物料提升机

井架式、门架式、提升架式，一般 $H \leqslant 30m$。

（1）井架

1）构造：立柱、横杆、剪刀撑、缆风绳、天轮梁、导轨、吊盘、卷扬机、绳索；

2）起吊能力：四柱（0.5t）、六柱（1.0t）、八柱（1～1.2t）；

3）缆风绳：15m 以下一道；15m 以上每 7～8m 增设一道，每道 4 根，与地面呈 45°～60°；

4）附墙架：间距 $\leqslant 6m$。

（2）门架

1）构造：格构式立柱、缆风绳、天轮梁、导轨、吊盘、卷扬机、绳索；

2）起吊能力：单笼、双笼；0.5～1t；

3）缆风绳：12m 以下一道；12m 以上每 5～6m 增设一道；或附墙架：间距 $\leqslant 6m$。

（3）卷扬机

常用 0.5～1.5t，手制动、电磁制动，快速、慢速。

安装要求：见"结构吊装工程"。

2. 施工电梯（附壁式升降机）

H 可高达 200m，可载人，主要用于高层建筑。

3. 塔吊

常用轻型轨道式，如 QT_1—2 型（住宅）、QT40 型（办公楼、教学楼、门诊楼等）等。

二、搭设砌筑用脚手架

类型：按搭设位置——外脚手、里脚手；

按用途——结构用、装修用、支撑用；

按材料——木、竹、金属；

按构造形式——多立杆式、门型框式、桥式、吊篮式、悬挂式、挑架式、操作平台式、整体升降式。

（一）基本要求

1. 宽度及步距满足使用要求：

宽——只堆料和操作，1～1.5m；还需运输，2m 以上；

步高——一般 1.2～1.4m，符合可砌高度，且每层整步数。

2. 有足够的强度、刚度和稳定性：

（1）材料合格；

（2）构造符合规定，连接牢固；

（3）与建筑物连接；

（4）用前、用中检查；

（5）控制使用荷载：均布荷载≤2.7kN/m²，集中荷载≤1.50 kN。

3. 搭拆简便，能多次周转。

4. 选材用料经济合理。

（二）外脚手（钢管扣件式）

1. 材料

① 钢管——外径 $\phi48\times3.5mm$ 厚，$\phi57\times3mm$；

　　　　　长：小横杆 1.5～2.3m，其他 4m，6m。

② 扣件——形式：对接扣件，直角扣件，回转扣件；

　　　　　材料：铸铁，钢板压制。

③ 底座——铸铁，或钢板、管焊接。

2. 搭设构造与要求

（1）立杆：间距——横向 1.2～1.5m，纵向——1.5～2m；

　　　　　地基——夯实并垫板、块，排水好；

　　　　　接头——相邻杆接头不在同步，对正，垂直。

（2）大横杆：步距——1.2～1.4m，每层整步数；

　　　　　　相邻者接头不在同跨。

（3）小横杆：扣件距管端头≥100mm；

　　　　　　非操作层——每节点一根；

　　　　　　操 作 层——单 排 架：入 墙 ≥ 240mm，间距 0.67m；

　　　　　　　　　　　　双排架：挑向墙面 400～500mm，端距墙面 50～150mm，间距 1m。

（4）剪刀撑（十字盖）：两端的双跨内设置（外侧）；

　　　　　　　　间距≤30m；与地面成 45°；

　　　　　　　　连接点距立、横杆节点≤200mm，下连点距地≤500mm；

　　　　　　　　外杆可与小横杆连接。

（5）抛撑：架高＞3m 且≤7m 时设置；

　　　　　间距 5～7 根立杆设一根；

　　　　　与地面成 60°夹角。

（6）连墙杆：总架高＞7m 时设置；每三步五跨设一根（全部拆架前不得拆除）；

　　　方法：①埋铁丝或 $\phi6$ 筋，拉立杆，小横杆顶墙；

　　　　　　②小横杆入墙，内外夹住；

　　　　　　③洞口设夹杆，与小横杆相连。

（7）栏杆：高度≥1.2m，挂立网；

（8）脚手板：材料——木板：厚50mm，宽200～250mm，
长3～6m；

钢制板：2mm厚钢板冷压冲孔，肋
高50mm，宽230mm，长2.3～4m。

铺设——对接时，两小横杆间距200～250mm；

搭接时，伸过小横杆≥150mm，顺重车行走方向。

（9）挡脚板：脚手板外边立放，高度≥180mm。

（三）里脚手架

常采用工具式：门式、支柱式、折叠式，搭设间距均≤2m；
或组合式操作平台，立杆下加通长垫板，楼
板下加支撑。

（四）悬吊式

挑架（挑梁）的（稳定力矩/倾覆力矩）≥3，各杆件均需
计算。

（五）挑架式

采用的三角支撑架或型钢横梁，需经计算确定。

（六）砌筑工程脚手架方案：

1. 里、外架——清水墙、混水墙砌筑及装饰；

2. 全部里架子——混水墙，外侧支卧网，装饰用吊篮。

第四节 砖砌体施工

一、砖墙砌筑工艺

1. 抄平

在防潮层或楼面上用水泥砂浆或C10细石混凝土按标高
垫平。

2. 放线

按龙门板或外引桩在基础表面 ⎫
按墙上标志或外引桩在各层板上 ⎭ 弹墙轴线、边线、门窗洞口线。

3. 摆砖样（排砖摞底）

（1）目的

搭接错缝合理；灰缝均匀；减少打砖。

（2）要求（清水墙）

1）不许有<丁头的砖块；

2）门窗口两侧排砖一致；

3）窗口上下、各楼层从下至上排法不变（不随意变活）；

4）不游丁走缝——上下灰缝一致对准。

（3）原则

1）口角处顺砖顶七分头，丁砖排到头；

2）条砖出现半块时，用丁砖夹在墙面中间（最好在窗口上下墙的中间）；

3）条砖出现 1/4 砖时，条行用一块丁砖＋一块七分头代1.25 块条砖，排在中间，丁行也加七分头与之呼应；

4）门窗洞口位置可移动≤60mm。

（4）计算

1）墙面排砖：（长为 L，一个立缝宽初按 10mm）

丁行砖数　　$n=(L+10)/125$

条行整砖数　$N=(L-365)/250$

2）门窗洞口上下排砖：（洞宽 B）

丁行砖数　　$n=(B-10)/125$

条行整砖数　$N=(B-135)/250$

3）计算立缝宽度：应在 8～12mm 之内。

4. 立皮数杆

（1）皮数杆

画有洞口标高、砖行、灰缝厚、插铁埋件、过梁、楼板位置的木杆。

（2）绘制要求

1）灰缝厚 8～12mm；

2）每层楼为整数行，各道墙一致；

3）楼板下、梁垫下用丁砖。

（3）竖立

1）先抄平再竖立；

2）立于外墙转角处及内外墙交界处；

3）间隔 10～12m；牢固。

5. 盘角、挂线、砌筑（先砌墙角，以便挂线，再砌墙身）：

（1）盘角：高度≤300mm，留踏步槎，依据皮数杆，勤吊勤靠。

（2）挂线（控制墙面平整垂直）：

1）12、24 墙单面挂线，厚墙双面挂线；

2）墙体较长时，中间设支线点。

（3）砖墙砌筑要点：

1）清水墙面要选砖（边角整齐、颜色均匀、规格一致）；

2）采用"三一"砌法；

3）构造柱旁留马牙口，牙距≤300mm；

4）每日砌筑高度：常温≤1.5m 或一步架高，冬期≤1.2m；

5）及时安放钢筋、埋件、木砖；

6）各种洞口、管道（水暖电、支模、脚手用）要预留或预埋，不得打凿或开水平沟槽。

不得留设脚手眼处：

① 120 墙、清水墙、砖柱；

② 过梁上 60°三角形内及过梁净跨的 1/2 高度范围内；

③ 宽度<1m 的窗间墙；

④ 门窗洞两侧 200mm 及转角处 450mm 范围内；

⑤ 梁或梁垫下及其左右 500mm 范围内。

施工洞：净宽≤1m，位置距墙面≥0.5m，加拉结筋。

7）自由高度在允许范围内（否则遇大风需加设支撑）。

8）随砌随划缝或清扫墙面。

清水墙——随砌随划缝，缝深 10mm，以便勾缝；

混水墙——随砌随清扫墙面，防止舌头灰影响抹灰。

6. 安过梁及梁垫

按标高坐浆安装；型号及放置方向正确，位置准确。

7. 勾缝

1：1.5 水泥砂浆，4～5mm 厚。

二、砖砌筑质量要求

1. 灰缝横平竖直、砂浆饱满：

（1）饱满度——水平缝≥80%，竖缝无瞎、透、假缝；

（2）检查——百格网，三块砖平均值；

（3）影响饱满度因素——砖含水率（浇水否）；

砂浆和易性；

操作方法。

2. 墙体垂直、墙面平整：

（1）垂直度≤5mm；

（2）平整度：清水墙≤5mm，混水墙≤8mm；

（3）检查：用 2m 靠尺、楔形塞尺。

3. 上下错缝、内外拉结。

4. 留槎合理、接槎牢固：

（1）转角处及交接处应同时砌筑；

（2）设防烈度 8 度及以上，不能同时砌筑者，留斜槎：

长度≥2/3 高度（多孔砖 1/2），高度≤一步架；

（3）7 度及以下地区，除转角外可留凸直槎，加拉结筋。

要求：

1）每500mm高一道，120、240墙厚每道均2根、每增120墙厚加1根；

2）直径φ6，端部90°弯钩；

3）每端压入≥500mm，设防烈度为6、7度的地区≥1000mm。

第五节　砌块砌体施工

一、施工准备

（一）材料准备

1. 砌块产品龄期不少于28d；

2. 宜选用专用砂浆，砂浆强度≥M5；

3. 砌块砌体不应与其他块材混砌，承重墙禁用断裂小砌块；

4. 进场：堆置高度不超过2m，有防潮措施；加气块防止雨淋；

5. 普通混凝土砌块砌筑时可不浇水。

轻骨料、加气混凝土者提前浇水湿润，相对含水率40%～50%。

（二）编绘排块图

1. 错缝搭接：搭接长度——单排孔者：≥块长的1/2；

多排孔者：≥块长的1/3和90mm。

2. 尽量用主规格砌块。

二、砌筑施工

1. 基层处理

（1）普通混凝土小砌块

防潮层以下用不低于C20的混凝土灌实孔洞。

（2）轻骨料、加气混凝土砌块

墙底砌：普通砖、多孔砖、普通混凝土砌块，或现浇混凝土坎台。

高度宜为150mm。

2. 砌筑

（1）底面朝上扣砌；

（2）错缝搭砌、上下皮对孔；

（3）加气混凝土砌块用专用工具锯切；

（4）每日砌筑高度≤1.5m或一步架高度；

（5）当砌筑砂浆强度大于1MPa时，方可分层浇捣芯柱混凝土，连续浇筑高度≤1.8m。

三、砌块砌体质量要求

1. 砂浆饱满

水平灰缝的饱满度：

(1) 普通混凝土空心砌块——≥净面积的90%；

(2) 轻骨料或加气混凝土砌块——≥80%；

(3) 竖向灰缝饱满度≥80%。

2. 灰缝横平竖直、厚度正确

(1) 空心砖、小砌块砌体的灰缝厚度为8～12mm；

(2) 加气混凝土砌块砌体的水平灰缝厚度≤15mm，专用砂浆3～4mm。

3. 搭接合理

(1) 混凝土砌块对孔错缝搭砌，搭接长度≥90mm，不足时设拉筋；

(2) 加气混凝土砌块搭砌长度≥块长的1/3。

4. 留槎可靠

(1) 墙体转角处和纵横墙交接处应同时砌筑；

(2) 其他临时间断处应砌成斜槎，其水平投影长度≥高度。

四、填充墙砌筑要求

1. 轻体砌块时，厨、卫、浴墙底浇混凝土坎台，高度宜为150mm；

2. 拉结筋与结构连接，植筋需拉拔试验（$\phi6$，6kN）；每1.2～1.5m高设≥60厚现浇钢筋混凝土带；

3. 与结构间的补缝，待砌筑14d后进行；

4. 洞口边或阳角处设置构造柱或专用砌块。

第六节 冬 期 施 工

一、条件

当预计室外日平均气温连续5d稳定低于5℃，或当日最低气温低于0℃。

二、要求

1. 不得使用表面结冰的砌块，砂浆宜采用普通硅酸盐水泥拌制；块体不浇或少浇水，加大砂浆稠度；

2. 石灰膏不受冻，块体不遭水浸冻，砂石中无冰块和大于10mm冻块；

3. 适当减小灰缝厚度（如砖墙8～10mm）。

三、方法

1. 抗冻砂浆法（常用）

要点：

（1）砂浆掺外加剂，增加搅拌时间；

（2）掺盐（NaCl、$CaCl_2$）砂浆强度提高一级；

（3）用两次投料法热拌砂浆：砂浆≥15℃；

（4）砌后覆盖。

缺点：掺盐砂浆易吸湿、析盐、锈蚀钢筋。

不得用于：配筋砌体、高温高湿、绝缘要求、水位变化、高级装饰等工程。

2. 冻结法（少用）

热砂浆砌筑，注意解冻期观测和加固。

3. 暖棚法（少用）

材料及砌筑环境均高于+5℃，并在+5℃以上养护3～6d。

第四章　钢筋混凝土工程

第一节　概　述

1. 钢筋混凝土工程

钢筋混凝土工程包括钢筋工程、模板工程、混凝土工程。

2. 工艺过程

钢筋混凝土工程的主要工艺流程见图 4-1。

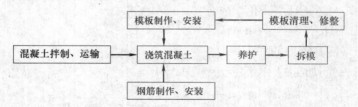

图 4-1　钢筋混凝土工程的主要工艺流程

3. 结构施工方法

现浇；预制安装。

4. 特点

(1) 多工种合作，需密切配合；

(2) 材料品种、规格多，地方材料用量大，需严格检验、试验和管理；

(3) 需必要的间隙。

第二节　钢筋工程

一、概述

(一) 钢筋的种类

1. 按粗细分——钢筋 (直径≥6mm)，细筋 $\phi6\sim\phi12$ (盘圆)，粗筋 $\phi14\sim\phi50$ (长 6～12m 直条)；钢丝 (直径＜6mm)，刻痕钢丝或碳素钢丝，均为盘圆。

2. 按生产工艺——热轧、热处理筋、冷拉筋、冷拔丝、冷轧筋、碳素丝、刻痕丝、钢绞线等。

3. 按化学成分——碳素（低碳，＜0.25%；中碳，0.25%～0.6%；高碳，＞6%）；普通低合金（合金元素＜5%）。

4. 按强度分——热轧钢筋分四级。

5. 按外形分——光面；变形（月牙纹、螺纹、人字纹、竹节纹）。

（二）钢筋的性质（与施工有关的）

1. 变形硬化——可通过冷加工，提高强度，扩大使用范围。

2. 松弛——在高应力状态下，长度不变，应力减小。预应力施工需特别注意。

3. 可焊性——强度、硬度越高，可焊性越差。

（三）检验

1. 进场——产品合格证、出厂检验报告；

2. 抽样复验——外观、力学性能、单位长度重量；

3. 必要时——化学成分；

4. 按每批 5～60t 抽样。

（四）钢筋的加工

钢筋加工的主要工艺流程见图 4-2。

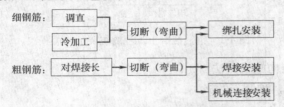

图 4-2 钢筋加工的主要工艺流程

（五）钢筋的连接方法

常用钢筋连接方法及费用比较见表 4-1。

常用钢筋连接方法及费用比较　　　　　　　表 4-1

方　法		HRB335级 φ25 单个接头参考费用(元)
绑扎	搭接	15.05
焊接	闪光对焊	1.3
	电弧焊	7.10
	电阻点焊	—
	电渣压力焊	1.65
	埋弧电渣压力焊	1.50
	气压焊	3.20
机械连接	套筒挤压(径向、轴向)	15.00
	锥螺纹、直螺纹	13.00

二、钢筋的焊接

概述：

1. 焊接目的

接长（钢筋）；

成型（网片、箍）；

连接构件（由铰接变固定端）。

2. 焊接点位置

（1）不在最大弯矩处及弯折处（距弯折点≥10d）；

（2）在 35d 和 500mm 连接区段内，受拉筋接头数≤50%；

（3）不宜在框架梁端、柱端箍筋加密区内；

（4）不宜用于直接承受动力荷载的结构构件中。

3. 影响钢筋焊接质量的因素

（1）与钢筋的化学成分有关：C、Mn、Si 含量增则可焊性差，Ti 增则可焊性好；

（2）与原材料的机械性能有关：塑性越好，可焊性越好；

（3）与焊接工艺及焊工的操作水平有关；

（4）环境温度低于 −20℃ 不得焊接。

（一）闪光对焊

用对焊机将钢筋接长（HPB300 ～ HRB400 筋——10 ～ 40mm；HRB500 级筋——10～25mm）。

1. 原理

通电后，两钢筋轻微接触，通过低电压的强电流，飞溅火花，产生高温，熔化后顶锻，形成镦粗结点。

2. 工艺

（1）连续闪光焊——适于焊接直径＜25mm 的 HPB300～HRB400（RRB400）级筋，直径≤16mm 的 HRB500 级筋；

（2）预热闪光焊——适于焊接直径大且端面较平的钢筋；

（3）闪光—预热—闪光焊——适于焊接直径大且端面不平整的钢筋。

注：对 HRB500 级钢筋焊后需采用回火处理，防止脆断（提高接头塑性）。方法是：焊后稍冷却，松开电极，放大钳口距离，冷却至暗黑色后，用低频（每秒 2 次）脉冲式通电加热至表面橘红色时即可。

3. 主要参数

调伸长度、烧化留量和预热留量（10～20mm）、顶锻留量（4～6.5mm）、顶锻速度、顶锻压力、变压器次级（电流大小选择）。

4. 质量检查

外观——应有镦粗，无裂纹和烧伤，接头弯曲≤3°，轴线偏移≤0.1d、≤2mm。

机械性能——每批（300 个接头）取 6 个试件，3 个做拉力试验，3 个做冷弯试验。

5. 适用范围：HPB300～HRB500 级粗筋的连接。

(二) 电弧焊

1. 原理

利用弧焊机使焊条与焊件之间产生高温电弧，熔化焊条及电弧范围内的焊件金属，凝固后形成焊缝或接头。

2. 接头形式与要求

(1) 搭接焊：用于直径 10～40mm 的 HPB300～HRB400（RRB400）级钢筋。

焊缝要求：无裂纹、气孔、夹渣、烧伤；

长度 L：HPB235——单面焊≥8d、双面焊≥4d；

　　　　　其他——单面焊≥10d、双面焊≥5d。

宽度 b：≥0.8d。

高度 h：≥0.3d。

(2) 帮条焊：适用范围同搭接焊。

帮条要求：两帮条相同，位置居中；

　　　　　与母材同级时，可小一规格；与母材同径时，可低一级；

　　　　　帮条长＝焊缝长。

焊缝要求：与搭接焊相同。

(3) 坡口焊：有平焊和立焊，较少用。

3. 设备及材料

弧焊机（直流，交流——常用）；焊枪；焊把线；焊条。

焊条直径：ϕ2.8、ϕ3.2、ϕ4、ϕ5；据焊件尺寸及焊机电流大小选择。

焊条规格：E4301、E4324、E5016 等。

E——表示焊条；

43、50——熔敷金属抗拉强度的最小值（430、500N/mm²）。

第三位数字——焊接的位置［0、1 适用于全方位（平、立、仰、横）焊接］。

第三位和四位数字组合——适用电流种类及药皮类型。

药皮的作用：覆盖保温、保证电弧稳定、防止焊缝氧化。

焊条强度选择：见表 4-2。

电弧焊的焊条要求　　　　　　表 4-2

钢筋级别	搭接焊、帮条焊	坡口焊
HRB335	E50	E55
HRB400（RRB400）	E50	E55

（三）电渣压力焊

1. 适用于

现场结构、构件中 14 ～ 32mm 的 HPB300 ～ HRB400（RRB400）级竖向粗筋接长。

2. 特点

可节约钢筋，焊接速度快，成本低，质量高。

3. 原理

电弧熔化焊剂形成空穴，继而形成渣池，上部钢筋潜入渣池中，电弧熄灭，电渣形成的电阻热使钢筋全断面熔化；断电同时向下挤压，排除熔渣与熔化金属，形成结点。

4. 机具

常用 BX_2-1000 型交流弧焊机，或 JSD-600、JSD-1000 型专用电源；

焊接自动控制箱（内有电压表、电流表、时间继电器、自动报警器）；

卡具：手动或自动；

焊剂：HRB335 级筋—431 型，HRB400（RRB400）级筋—431 型或 350 型。

5. 焊接参数

电压——开路≥380V，电极≥30V（取 40V）；

电流密度——1～2A/mm^2；

时间——30 ～ 34s（对直径为 28 ～ 32mm 的 HRB400 或 RRB400 级钢筋）。

6. 质量要求

机械性能——每楼层、每 300 个同类型接头为一批，切取 3 个试件做拉伸试验；均不低于该级筋抗拉强度，否则加倍截取。

外观——筋肋对正，焊包均匀（凸出≥4mm），无裂纹和烧伤；

　　　　　轴线偏移≤0.1d 且≤2mm；

　　　　　弯曲角≤3°。

（四）电阻点焊

1. 适用于

直径 6～14mm HPB300～HRB335 级钢筋、4～5mm 冷拔钢丝的交叉连接，以制作网片、骨架等。

2. 原理

利用电阻热熔化钢筋接触点，加压而形成结点。

3. 机械

点焊机（单头、多头、悬挂式、手提式—现场用）。

4. 要求

焊点压入深度：较小筋直径的 18%～25%。

钢筋直径比：≤2～3。

三、钢筋的机械连接

（一）套管冷挤压连接

1. 特点

强度高、速度快、准确、安全、不受环境限制。

2. 适用

（带肋粗筋）HRB335、HRB400 或 RRB400 级直径 16～40mm 的钢筋，异径差≤5mm。

3. 要求

（1）套管材料、规格合格，屈服、极限强度比钢筋大 10% 以上；

（2）钢筋无污、肋纹无损；

（3）压痕道数符合要求［（3～8）×2 道］，压痕外经为 0.85～0.9 套管原外经；

（4）接头无裂纹，弯折≤4°；

（5）强度检验：同规格 500 个截取 3 个，1 个不合格，加倍抽样复验；

满足Ⅰ级接头标准（不低于母材实际强度，或 1.1 强度标准值）。

（二）螺纹连接

1. 特点

速度快、准确、安全、工艺简单、不受环境、钢筋种类限制。

2. 适用

HPB300～HRB400 或 RRB400 级直径 16～50mm 的竖向、水平、斜向钢筋，异径差≤9mm。

3. 方法

（1）滚轧直螺纹（直接滚轧、剥肋滚轧）；

（2）镦粗直螺纹。

4. 螺纹连接要求：

（1）套筒材料、尺寸、丝扣合格（塞规检查，盖帽保护）；

（2）钢筋丝扣合格（通规顺利全拧入、止规≤3 圈）、洁净、无锈，套保护帽；

（3）用力拧紧，外露少于一个完整丝扣；

（4）验收：每 500 截取 3 个试样；

接头强度达到设计要求（可达到 I 级接头标准）。

四、钢筋的配料

配料：确定各钢筋的直线下料长度、总根数及总重，提出钢筋配料单，以供加工制作。

（一）下料长度计算

1. 钢筋外包尺寸——外皮至外皮尺寸，由构件尺寸减保护层厚得到。

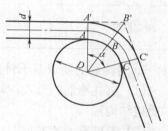

图 4-3 量度差值计算简图

2. 钢筋下料长度＝直线长＝轴线长度＝外包尺寸－中间弯折处量度差值＋端部弯钩增加值。

3. 中间弯折处的量度差值＝弯折处的外包尺寸－弯折处的轴线长，见图 4-3。

（1）弯折处的外包尺寸：

$$A'B' + B'C' = 2A'B' = 2(D/2 + d)\tan(\alpha/2)$$

（2）弯折处的轴线弧长：

$$ABC = \left(\frac{D}{2} + \frac{d}{2}\right) \cdot \frac{\alpha \cdot \pi}{180} = (D + d) \cdot \frac{\alpha \cdot \pi}{360}$$

（3）据规范规定，弯折处的弯弧内直径 D 应≥5d，若取 $D = 5d$，则量度差值为：

$$2(3.5d)\tan\frac{\alpha}{2} - (6d)\frac{\alpha\pi}{360} = 7d\tan\frac{\alpha}{2} - \frac{\alpha\pi d}{60}$$

常见数据见表 4-3。

4. 端部弯钩增加值：

规范规定：光圆钢筋末端：应做 180° 弯钩，弯心直径≥2.5d，平直段长度≥3d。

端部锚固弯钩：弯心直径≥4d，平直段长度按设计要求。

常用弯折角度的量度差值 表4-3

弯折角度	计算量度差值	结合实践经验取值
$\alpha=30°$	$0.306d$	$0.35d$
$\alpha=45°$	$0.543d$	$0.5d$
$\alpha=60°$	$0.9d$	$0.85d$
$\alpha=90°$	$2.29d$	$2d$
$\alpha=135°$	$2.83d$	$2.5d$

一个弯钩需增加的尺寸见表4-4。

钢筋端部弯钩要求与最小增加值 表4-4

弯钩用途	弯钩角度	弯心最小直径	平直段长度	增加尺寸
光圆钢筋末端	180°	$2.5d$	$3d$	$6.25d$
端部锚固	90° 135°	$5d$	$12d$ $5d$	$14d$ $9d$

5. 对箍筋的要求及下料长度计算：

（1）绑扎箍筋的形式：90°/90°，90°/180°，135°/135°（抗震和受扭结构）。

（2）箍筋弯心直径（D）：$\geq 2.5d$，且大于纵向受力主筋的直径。

（3）箍筋弯钩平直段长：一般结构$\geq 5d$；
抗震或受扭结构$\geq 10d$。

（4）矩形箍筋外包尺寸＝2(外包宽＋外包高)；
外包宽(高)＝构件宽(高)－2×保护层厚＋2×箍筋直径。

（5）一个弯钩增加值：

90°——$(D/2+d/2)\pi/2-(D/2+d)$＋平直段长；

135°——$(D/2+d/2)3\pi/4-(D/2+d)$＋平直段长；

180°——$(D/2+d/2)\pi-(D/2+d)$＋平直段长。

（6）箍筋下料长度 L＝外包尺寸－中间弯折量度差值＋端弯钩增加值。

矩形箍筋135°/135°弯钩时，近似为：L＝外包尺寸＋2×平直段长。

（二）钢筋配料单

钢筋加工和验收的依据。

五、钢筋代换

1. 原则

按与设计值相等原则，并满足最小配筋率及构造要求。

2. 方法

（1）等强度代换——用于计算配筋或不同级别钢筋的代换

$$A_{s2}f_{y2} \geqslant A_{s1}f_{y1}$$

$$n_2 \geqslant (n_1 d_1^2 f_{y1})/(d_2^2 f_{y2})$$

（2）等面积代换——用于构造配筋或同级别钢筋的代换

$$A_{s2} \geqslant A_{s1} \text{ 或 } n_2 \geqslant (n_1 d_1^2)/(d_2^2)$$

3. 注意问题

（1）重要构件，不宜用光圆筋代替带肋钢筋；

（2）代换后应满足配筋构造要求（直径、间距、根数、锚固长度等）；

（3）代换后直径不同时，各筋拉力差不应过大（同级直径差≤5mm）；

（4）受力不同的钢筋分别代换；

（5）有抗裂要求的构件应做抗裂验算；

（6）预制构件的吊环，必须用 HPB235 或 HPB300 级热轧钢筋，不得以其他筋代换；

（7）重要结构的钢筋代换应征得设计单位同意。

六、钢筋绑扎安装要求

1. 钢筋的钢号、直径、根数、间距及位置符合图纸要求。

2. 接头位置及搭接长度应符合设计及施工规范要求。

（1）接头位置：距弯折处≥10d；不在最大受力处；

相互错开：在 1.3 倍搭接长度范围内，梁、板、墙类≤25％，柱类≤50％。

（2）受拉筋搭接长度：应符合表 4-5 要求，且不少于 300mm。

3. 绑扎、安装牢固。

4. 保证钢筋的混凝土保护层的厚度：

要求：

最外层受力筋：一类环境：板、墙、壳为 15mm，梁、柱为 20mm。

二 a、二 b、三 a，每级按 5mm 增加。

混凝土≤C25 时增加 5mm。

设计使用年限 100 年者增加 40％。

基础：有混凝土垫层——40mm。

方法：垫块、支架。

5. 钢筋表面清洁。

纵向受拉钢筋的最小搭接长度　表 4-5

钢筋类型		混凝土强度等级								
		C20	C25	C30	C35	C40	C45	C50	C55	≥C60
光面钢筋	300 级	48d	41d	37d	34d	31d	29d	28d	—	—
带肋钢筋	335 级	46d	40d	36d	33d	30d	29d	27d	26d	25d
	400 级	—	48d	43d	39d	36d	34d	33d	31d	30d
	500 级	—	58d	52d	47d	43d	41d	39d	38d	36d

注：1. 直径大于 25mm 的带肋钢筋，乘 1.1 系数；
　　一二级抗震设防的结构构件，乘 1.15 系数。
　　2. 受压筋搭接长度按受拉筋×0.7，且≥200mm；
　　3. 搭接区内箍筋间距，受拉区≤5d 且≤100mm；
　　　　　　　　　　受拉区≤10d 且≤200mm。

七、钢筋的隐检验收

1. 模板封闭或混凝土遮盖前进行；

2. 内容：钢号、直径、数量、间距、连接的质量、位置、搭接的长度、保护层厚度、表面清洁等。

第三节　模　板　工　程

一、概述

（一）模板的作用、组成和基本要求

1. 作用

使混凝土按设计的形状、尺寸、位置成型的模型板。

2. 模板系统的组成

模板、支撑系统、紧固件。

3. 对模板及支架的基本要求

（1）要保证结构和构件的形状、尺寸、位置的准确；

（2）具有足够的强度、刚度和稳定性；

（3）构造简单，装拆方便，能多次周转使用；

（4）板面平整，接缝严密；

（5）选材合理，用料经济。

（二）模板的种类

1. 按材料分

木模、钢模、钢木模、木或竹胶合板、铝合金、塑料、玻璃钢等。

2. 按安装方式分

（1）拼装式——木模、小钢模、胶合板模板等；

（2）整体式——大模、飞模、隧道模；

（3）移动式——筒壳模、滑模、爬升模；

（4）永久式——预应力、非预应力混凝土薄板，压型钢板。

二、现浇结构模板的构造及要求

1. 基础模板

（1）阶梯形——底阶用撑木固定于地或壁，上阶用轿杠木，有杯口时用杯芯模，外包铁皮。

（2）锥形——斜坡不陡不支模，拍上混凝土；陡时，随浇随支。

（3）条形——上阶用吊模。

（4）要求：位置、尺寸准确，支撑牢固，用土模时切直修光。

2. 柱模板

（1）构造：见演示图。

（2）要点：

1）按弹线支模板；

2）每 $500\sim1000$mm 加柱箍一道；

3）两方向加支撑和拉杆（楼板上预埋钢筋头固定点），柱间拉接稳定；

4）允许偏差：底模上表面标高 ±5mm；截面尺寸 $+4$、-5mm；垂直度偏差 <6mm（全高 $\leqslant5$m）、<8mm（全高 >5m）。

3. 梁模板

（1）构造

1）模板——底模板、侧模板；钢制、胶合板。

2）支撑——支柱用方木、钢管，或工具式桁架、门式架、组合支架。

（2）施工要点

1）梁（板）跨度 $\geqslant4$m 时，底模应起拱。起拱高度 $=1‰\sim3‰$ 跨度。

2）支柱下设垫板；柱间设拉杆，底拉杆距地 $\leqslant500$mm，顶拉杆距梁底 $\leqslant900$。

3）层高 $\geqslant5$m 时，应采用桁架支模。

4）梁高 >600mm 时，侧模腰部加拉结件（铁丝、扁铁或对拉螺栓）。

5）上下层支柱对正。

4. 楼板模板及楼梯模板——底板倾斜，做成踏步

（1）底模——厚≥18mm 的木胶合板、厚≥12mm 的竹胶合板。

（2）支撑——木方搁栅，钢桁架、钢管脚手式支撑、门式支架等。

要求——标高准确，平整、严密，适当起拱；

预埋件、预留孔洞不遗漏，位置准确，安装牢固；

相邻两板表面高低差≤2mm，表面平整度≤5mm/2m。

5. 圈梁模板

（1）挑扁担法：木方或钢管承托模板，间距≤1.5m，可用于硬架支模。

（2）倒卡法：φ10 钢筋承托模板，间距≤1m；工具式卡具，间距≤1m。

（3）偏心轮卡具法：使用工具式支腿承托模板，间距≤1m，可用于硬架支模。

6. 墙体模板

由面板、纵横肋、对拉螺栓、支撑构成。

三、组合式定型钢模板

优点：强度高、刚度大；组装灵活、装拆方便；通用性强、周转次数多；混凝土质量好。

1. 构造组成（见演示图）

（1）钢模板：2.3mm、2.5mm、2.8mm 厚的钢板冷压成型，

中间焊有纵横肋 $h=55$mm，

边肋有凸鼓 0.3mm 和孔眼@150mm。

按肋高分：55 系列（最大宽度 300mm）、60 系列（最大宽度 600mm）等。

1）平模：代号：P（如 P3015：平模板，宽 300mm，长 1500mm）。

规格：长度：1500mm、1200mm、900mm、750mm 和 600mm 五种。

55 系列宽度：300mm、250mm、200mm、150mm 和 100mm 五种。

2）角模：规格——长同平模。

宽：阴角模——150mm×150mm、100mm×150mm，代号 E；

阳角模——100mm×100mm，代号 Y；

连接角模——55mm×55mm，代号 J。

（2）连接件：U 形卡；L 形插销；钩头螺栓；拉杆；扣件。

（3）支承件：支承梁（方钢管、双钢管），支撑桁架，顶撑等。

2. 配板设计

先绘出构件展开图，再做出最佳配板方案，绘出配板图。

原则：尽量用大块模板，可省支承连接件（不足 50mm 处、需打孔、拉结处用木条）；

合理使用转角模；

端头接缝尽量错开，整体刚度好；

模板长度方向同构件长度方向，可扩大支承跨度。

3. 支模要点

（1）支模前刷隔离剂；

（2）柱模先拼成角状或四片，墙模先拼成两片；

（3）柱、墙模除设斜撑外，还应设斜向和水平拉杆。

四、工具式模板

(一) 大模板

1. 特点

施工速度快；机械化程度高；混凝土表面平整、缝少；一次投资及耗钢多；通用性差。

2. 适用范围

剪力墙，筒体体系。

3. 常用大模的结构形式

（1）墙体——内浇外挂；内浇外砌；内外墙全现浇（楼板全现浇或叠合板）。

（2）楼板——预制；现浇；叠合板。

4. 大模板的构造（分为固定式和拼装式）

（1）面板——钢板 $t = 3 \sim 5mm$；竹、木胶合板 $t = 15 \sim 20mm$，易安线条、做图案。

（2）加劲肋——[6.5 或 [8，间距 $L = 300 \sim 500mm$。

（3）竖楞——每道两根 [8 或 [10，背靠背，间距 $1 \sim 1.2m$。

（4）稳定机构及附件（底脚螺栓、穿墙螺栓、$\phi 30$ 管等、操作平台）。

5. 大模板的连接与支承

（1）两模板为一对——穿墙螺栓拉紧（顶部可用卡具）。

（2）外墙外模的支承方法——支承于外挂架上。

支承于外墙螺栓孔的插筋上。

6. 施工要点

安装前刷好隔离剂；

对号入座，按线就位，调平、调垂直后，穿墙螺栓及卡具拉牢；

混凝土分层浇捣，门窗洞口两侧等速浇筑；

混凝土强度达到 $1N/mm^2$ 后可拆模，达到 $4N/mm^2$ 后可安装楼板（常加硬架）；

存放时按自稳角斜放，面对面。

（二）液压滑升模板

用提升装置滑升组合成整体的模板系统，不断在模板内浇筑混凝土和绑扎钢筋的施工方法。

特点——机械化程度高，施工速度快，模板及脚手用量少；
　　　　一次投资多，通用性差，要求组织管理水平高，须保证水电供应。

适用——筒壁结构；墙板结构；框架结构。

（三）爬升模板

（四）其他模板

台模、隧道模、模壳、早拆体系、永久模板。

五、模板的设计

（一）设计范围

不需设计或验算的模板：定型模板、常用的拼板在其适用范围内。

需要设计或验算的模板：重要结构的、特殊形式的、超出适用范围的（高大）。

（二）设计原则

1. 保证构件的尺寸、形状、相互位置正确；

2. 有足够的强度、刚度、稳定性（变形≤2mm）；

3. 构造简单，装拆方便，不妨碍钢筋，不漏浆；

4. 优先选用通用、大块模板；

5. 长向拼接，错开布置，每块模板有≥两处钢楞支撑；

6. 内钢楞垂直于模板长向，外钢楞与内垂直且规格≥内钢楞；

7. 对拉螺栓按计算配置，减少钢模上的钻孔；

8. 支承杆的长细比<180。

（三）模板及支架设计内容

1. 模板及支架的选型及构造设计；

2. 模板及支架上的荷载及其效应计算；

3. 模板及支架的承载力、刚度和稳定性验算；

4. 绘制模板及支架施工图。

(四) 模板的荷载

1. 荷载标准值：

(1) 模板及支架自重 G_{1k}（单位：kN/m^2）。

有梁楼板模板（含梁模板）木模板——0.50；小钢模——0.75。

楼板模板及支架（层高 ≤ 4m 时）木模板——0.75；小钢模——1.10。

(2) 新浇混凝土的重量 G_{2k}：普通混凝土 $24kN/m^3$，其他混凝土按实际重力密度。

(3) 钢筋自重 G_{3k}：楼板——$1.1kN/m^3$ 混凝土，梁——$1.5kN/m^3$ 混凝土。

(4) 施工人员及设备荷载 Q_{1k}：可按实际情况计算，且不小于 $2.5kN/m^2$。

(5) 混凝土下料产生的水平荷载标准值 Q_{2k}。当采用溜槽、串筒、马管或泵管下料时，取 $2kN/m^2$。当采用吊斗或小车直接倾倒时，取 $4kN/m^2$。

(6) 新浇混凝土的侧压力 G_{4k}：以下两式中取小值（kN/m^2）

$$F = 0.28\gamma_c t_0 \beta V^{\frac{1}{2}}$$

$$F = \gamma_c H$$

式中　γ_c——混凝土重力密度（kN/m^3）；

t_0——初凝时间，实测或 $t_0 = 200/(T+15)$；

T——混凝土温度℃；

β——坍落度修正系数：

50～90mm→0.85，100～130mm→0.9，140～180mm→1；

V——高度方向浇筑速度（m/h）；

H——计算处至混凝土顶面总高。

混凝土侧压力的分布图形见图4-4。其中 h 为有效压头高度，$h = F/\gamma_c$（m）。

(7) 泵送或不均堆荷的附加荷载 Q_{3k}。取模板上混凝土和钢筋重量的 2% 作为标准值，并应以线荷载形式作用在模板支架上端水平方向。

(8) 风荷载标准 Q_{4k}：按《建筑结构荷载规范》GB 50009—2011 的有关规定计算，但基本风压不应小于 $0.2kN/m^2$。

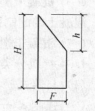

图 4-4　混凝土侧压力的分布图形

2. 荷载效应组合

(1) 荷载基本组合效应值：（ψ_{cj} 取 0.9）

$$S_d = 1.35 \sum_{i \geq 1} S_{G_{ik}} + 1.4 \psi_{cj} \sum_{j \geq 1} S_{Q_{jk}}$$

(2) 荷载组合：见演示盘。

计算承载力时，组合长期荷载；验算刚度时，组合短期荷载。

(五) 计算规定

1. 计算模板及支架的强度：

按安全等级为第三级的结构构件考虑（临时结构）。

2. 计算模板及支架的刚度：

允许变形值——结构表面外露，1/400 模板跨度；

　　　　　　　结构表面隐蔽，1/250 模板跨度；

　　　　　　　支架压缩变形值或弹性挠度，1‰结构跨度。

3. 风载抗倾覆稳定系数≥1.15。

4. 组合钢模、大模板、滑模的设计应符合相应规范、规程的要求。

第四节　混凝土工程

一、概述

1. 工艺过程

配料→搅拌→运输→浇筑→振捣→养护。

2. 特点

(1) 工序多，相互联系和影响；

(2) 质量要求高；

(3) 不易及时发现质量问题。

二、混凝土的制备

(一) 混凝土施工配制强度的确定（应使保证率达到 95%）

混凝土的配制强度应比设计强度标准值高 1.645σ。

(二) 混凝土搅拌机选择

1. 搅拌机分类（按工作原理分）

(1) 自落式——靠自落重力交流掺合（磨损小，易清理）；

(2) 强制式——叶片强行搅动，物料被剪切、旋转，形成交叉物流（混凝土质量好，生产率高，操作简便，安全）。

2. 适用范围

(1) 自落式——骨料较粗重的塑性混凝土；

(2) 强制式——骨料较粗重的塑性混凝土、干硬性混凝土及轻骨料混凝土。

3. 工作容量老式搅拌机以进料容量计

新式搅拌机以出料容量计（L），一般有：50、150、250、350、500、750、1000、1500、3000等规格。

出料容量＝进料容量×出料系数（0.625）。

（三）施工配比及配料计算

1. 混凝土配合比确定的步骤

初步计算配合比→实验室配合比→施工配合比（→每盘配料）。

2. 混凝土施工配合比换算方法（增加含水的砂石用量，减少另外的加水量）

已知实验室配比：水泥：砂：石＝$1:X:Y$，水灰比W/C

又测知现场砂石含水率：W_x，W_y；则施工配合比为：

$$水泥：砂：石：水＝1:X(1+W_x):Y(1+W_y):(W-XW_x-YW_y)$$

3. 配料计算

据施工配合比及搅拌机一次出料量计算一次投料量。用袋装水泥可取整，超量≤10％。

【例】 某混凝土实验配比为$1:2.28:4.47$，水灰比0.63，水泥用量为285kg/m³，现场实测砂、石含水率为3％和1％。拟用装料容量为400L的搅拌机拌制，试计算施工配合比及每盘投料量。

解： 1）混凝土施工配合比为：水泥：砂：石：水

$$＝1:2.28×(1+0.03):4.47×(1+0.01):(0.63-2.28×0.03-4.47×0.01)$$

$$＝1:2.35:4.51:0.517$$

2）搅拌机的出料量：$400×0.625＝250$（L）＝0.25（m³）

3）每盘投料量：水泥——$285×0.25＝71$（kg），取75kg，则：

砂——$75×2.35＝176$（kg）

石——$75×4.51＝338$（kg）

水——$75×0.517＝38.8$（kg）

（四）装料与搅拌

1. 装料顺序

（1）一次投料法：石子→水泥→砂，筒内先加水或进料时加水。

（2）二次投料法：砂、水、水泥（拌1min）→石子（拌

1min）→出料。

（3）两次加水法（造壳混凝土）：

砂、石→70％水→拌 30s→水泥→拌 30s→30％水→拌 60s；

可提高强度 10％～20％，或节约水泥 5％～10％。

2. 配料与搅拌要求

（1）配比及每次投料量挂牌公布；

（2）称量准确：水泥、掺合料、水、外加剂允许偏差±2％；

　　　　　　　 粗、细骨料允许偏差±3％；

（3）搅拌时间：全部装入至卸料时间。取决于所拌混凝土的坍落度、搅拌机类型与装料量、拌合物材料等。

自落式≥90s，强制式≥60s。

（五）混凝土搅拌站

三、混凝土的运输

（一）要求

1. 不分层离析：

（1）水平运输时，路要平，减少漏浆和散失水分；

（2）垂直下落高度较大时，用溜槽、串筒；

（3）若有离析，浇灌前需二次搅拌。

2. 有足够的坍落度：一般要求见表 4-6，泵送时应加大。

混凝土浇筑时的坍落度　　　　　表 4-6

结构类型及特点	坍落度(mm)
垫层、无筋或少筋的厚大结构	10～30
板、梁、大中型截面柱	30～50
配筋密列结构(薄壁、筒仓、细柱)	50～70
配筋特密结构	70～90

3. 尽量缩短运输时间，减少转运次数。

混凝土运输和浇筑的最长时间限制，见表 4-7。

4. 保证连续浇筑的供应。

5. 器具严密、光洁，不漏浆，不吸水，经常清理。

混凝土从搅拌机卸出至浇筑完毕的延续时间（min）表 4-7

条件	气温	
	≤25℃	>25℃
不掺外加剂	90	60
掺外加剂	150	120

（二）运输机具

1. 地面水平运输

（1）短距离（<1km）——机动翻斗车、手推车；

（2）长距离——混凝土搅拌运输车〔或装拌好的混凝土；或

装干料（＞10km），卸料前 10～15min 加水搅拌]。

2. 垂直运输

（1）井架：配合自动翻斗车、手推车；

（2）塔吊：配合吊斗——容积 0.8～1.2m³，垂直、水平运输及浇筑。

3. 泵送运输

利用混凝土输送泵及管道（D75～200mm），完成垂直、水平运输。

（1）机械类型：活塞式（液压、连杆）；挤压式。

性能：混凝土排量 30～90m³/h，高度 100～600m，水平距离 900m。

（2）要求：

1）骨料粒径——碎石≤1/3 管径；卵石≤2/5 管径。

2）砂率——40%～50%。

3）最小胶凝材料用量——300kg/m³。

4）坍落度——100～220mm（根据运送高度和距离）。

5）掺外加剂——高效减水剂、硫化剂，增加和易性。

6）保证供应，连续输送（超过 45min 间歇应清理管道）。

7）泵送机应用前润滑，用后清洗，减少转弯，防止吸入空气产生气阻。

（3）适用于：大体积混凝土连续浇筑。

四、混凝土的浇筑和捣实

（一）准备工作

1. 模板和支架、钢筋和预埋件检查，并作记录。

2. 准备和检查材料、机具、运输道路。

3. 清除模板内垃圾、泥土，及钢筋上油污，封堵孔洞。

4. 人员、组织及安全技术交底。

（二）混凝土浇筑要点

1. 防止分层离析：

浇筑倾落高度：骨料粒径＞25mm 时≤3m，否则≤6m。

不满足时，应用串筒、溜管、溜槽等。

2. 分层浇筑、分层捣实：

每层浇筑厚度：插入式振动器——≤1.25 倍振捣棒长度；

表面振动器——≤200mm。

3. 墙、柱等竖向构件浇筑前，先垫 20～30mm 厚水泥砂浆（与混凝土浆液成分同，防止烂根）。

4. 竖向构件与水平构件连续浇筑时，应待竖向构件初步沉实后（1～1.5h）再浇水平构件。

5. 应连续浇筑，尽量缩短间歇时间。运输、浇筑、间歇总允许时间见表4-8。

混凝土运输、浇筑和间歇的最长允许时间（min） 表4-8

条件	气温	
	≤25℃	>25℃
不掺外加剂	180	150
掺外加剂	240	210

6. 有人看模、看筋，做好施工记录。

7. 雨、雪天，露天不浇筑。

(三) 对施工缝的要求

施工缝是在浇筑混凝土过程中，因设计要求或施工需要分段浇筑而在先、后浇筑的混凝土之间所形成的接槎。

1. 施工缝的位置

(1) 须浇前确定。

(2) 原则：留在结构承受剪力较小且施工方便的部位。

(3) 规定：

1) 柱：基础顶面、梁下、吊车梁牛腿下或吊车梁上、柱帽下（水平缝）；

2) 梁：梁板宜同时浇筑，梁高＞1m时水平槎可留在板或翼缘下20～30mm处；

3) 单向板：可在平行于板短边的任何位置留垂直槎；

4) 有主次梁楼盖：顺次梁方向浇筑，在次梁跨中1/3范围内留垂直槎；

5) 墙：在门洞口过梁跨中1/3范围内，或在纵横墙交接处留垂直槎；

6) 双向楼板、大体积混凝土结构、拱、薄壳、蓄水池、多层刚架等，按设计要求留置。

2. 施工缝的处理及接槎

(1) 接槎时间：先浇的混凝土强度≥1.2N/mm²。

(2) 表面粗糙处理及清理（清除水泥薄膜、松动的石子及软弱混凝土层），湿润、冲洗干净，但不得积水。

(3) 浇前铺水泥砂浆10～15mm厚。

(4) 浇混凝土时细致捣实但不触动原混凝土，令新旧混凝土紧密结合。

(四) 大体积混凝土结构浇筑

1. 要求保证混凝土的整体性时——连续浇筑不留施工缝，

分层浇筑捣实。

（1）浇筑方案：

1）全面水平分层——面积小而厚度大时；

2）斜面分层——面积大但为长条形时；

3）分段分层——面积大但厚度小时。

（2）每小时混凝土最小浇筑量（浇筑强度）：

$$Q=\frac{FH}{T}=\frac{FH}{t_1-t_2} \quad (\text{m}^3/\text{h})$$

式中　F——浇筑区面积（m²）；

　　　H——浇筑层厚度（m）；

　　　T——下层混凝土允许的时间间隔。一般为混凝土初凝时间 t_1 减去运输时间 t_2。

2．防止开裂

（1）两种裂缝

1）升温阶段内外温差造成表面开裂（需控制混凝土内外温差≤25℃）；

2）后期降温收缩受到约束阻力而拉裂（多种措施，设置后浇带）。

（2）减少内外温差的措施

1）减少水化热：用低热的水泥，掺减水剂、粉煤灰减少水泥用量，使用缓凝剂。

2）内部降温：石子浇水、冰水搅拌，毛石吸热，减缓浇速，避日晒，埋冷水管。

3）外保温或升温：覆盖，电加热、蒸汽加热。

（五）框架及剪力墙的浇筑

要点：

1．柱、墙底部宜先垫 20～30mm 厚同成分的水泥砂浆，分层浇捣；顶部应适当减少混凝土的用水量，并清除表面浮浆。

2．墙洞口两侧对称浇筑，排除洞口模板下的空气，钢筋过密时可采用细石混凝土。

3．梁板应同时浇筑。梁宜自节点向中间采用赶浆浇筑法。

4．梁柱结点混凝土强度等级不同者，应先浇高强度等级节点，并适当扩大至 500mm 范围。

（六）混凝土的振捣与成型

1．目的

充满模板而成型；排除多余的水分、气泡、空洞而密实。

2. 方法

人工插捣；机械振捣；挤压成型；离心成型；真空脱水；自密实成型。

3. 常用振捣设备

(1) 内部插入式——中频（5000～8000 次/min），高频（12000～19000 次/min）；软轴式和直联式。

(2) 表面振动器（平板式）。

(3) 附着式振动器——附着于模板，用于钢筋密、厚度小的墙、薄腹梁等构件预制。

(4) 振动台——用于厂内预制小型构件。

4. 振捣方法与要点

(1) 插入式：可垂直插入振捣或以 45°角斜向振捣。

1) 插点间距≤1.4R（R：有效作用半径，一般可取 $R \approx 8 \sim 10$ 倍棒直径）；

插点距模板≤0.5R，并避免碰模板、钢筋、埋件等。

2) 每点振捣时间 10～30s（浮浆，无明显沉落，无气泡即可）。

3) 快插慢拔，上下抽动，插入下层 50～100mm。

(2) 表面式：振点间搭接 3～5cm。振捣时间每点 25～40s。一般有效作用深度 200mm。

5. 真空吸水法

用真空负压，将水从刚成型的混凝土拌合物中排出，同时使混凝土密实。

(1) 优点：提高强度、抗冻性、耐磨性、钢筋握裹力，有 $0.1 \sim 0.2 N/mm^2$ 的初期强度，收缩小、表面无裂缝、节约水泥、降低造价、加快模板周转。

(2) 真空吸水设备：吸垫——尼龙布过滤层，塑料网片骨架层，橡胶布密封层；

真空机组——真空泵、电机、水箱等。

(3) 操作要点：

1) 振捣混凝土（混凝土坍落度 2～4cm），提浆刮平。

2) 铺吸垫：尼龙布 → 塑料网片 → 橡胶布盖垫（中间有吸管）。

3) 真空吸水：15min，至指压无陷痕，踩只留轻微脚印。

4) 机械抹面。

(4) 工艺参数：

1）吸水时间——每 1cm 厚 1～1.5min；

2）吸水量——3～5min 占总量 50%；

3）作用深度——30～40cm，最好 15～20cm；

4）配比要求——低强度等级水泥，砂率宜大些（中砂、粗砂）。

五、混凝土养护与拆模

（一）养护

1. 方法

（1）人工养护——加热、保湿；强度增长快，耗能多。

（2）自然养护（常用）——在常温下（平均温度＋5℃以上）保持混凝土处于温湿状态，使其强度增长。

2. 自然养护要求

（1）开始时间：浇筑后及时进行。

早强、高性能混凝土立即覆盖保湿或喷雾。

（2）养护日期：一般混凝土≥7d；

掺缓凝剂、大体积、抗渗、C60 以上、后浇带等混凝土≥14d。

（3）覆盖材料：塑料薄膜、岩棉被、草帘、锯末、砂等；喷洒养护剂。

（4）浇水次数：保持湿润。15℃左右，每天 2～4 次；干燥、高温时适当增加。

（5）混凝土强度达到 1.2N/mm^2 后方准上人施工。

3. 加热养护

蒸汽、电热养护。用于预制构件及冬施。

（二）模板拆除

1. 拆模时混凝土的强度

（1）侧模

在混凝土强度能保证拆模时不粘皮、不掉角、不损坏即可。一般为 1～2.5 N/mm^2。

（2）底模

拆模时混凝土的最低强度为：

1）跨度≤2m 的板——50% 设计强度标准值；

2）跨度 2～8m 的板

3）跨度≤8m 的梁、拱、壳 }——75%；

4）跨度＞8m 的梁、板、拱、壳

悬臂构件 }——100%。

（3）混凝土强度的确定

1）先查混凝土强度增长曲线，估计强度；（据水泥品种、强度等级、养护期温度、时间）；

2）再压同条件养护的试块，核实强度。

2．拆模应注意的问题：

（1）顺序：符合构件受力特点；先非承重模板后承重模板；

从中向外或从一侧向另一侧（对整体而言）；

先支的后拆、后支的先拆，谁支的谁拆（对局部而言）。

（2）重大、复杂模板，事先拟订拆模方案。

（3）发现重大质量问题应停拆，处理后再拆。

（4）多、高层现浇梁、板的支柱应与结构施工层隔二～三层拆除。

（5）对后张法预应力结构构件，侧模在张拉前拆除，底模及支撑在张拉后拆除。

（6）要保护构件及模板，及时清运、清理，堆放好。

六、混凝土质量的检查

（一）搅拌和浇筑中的检查

1．材料的质量和用量，每班检查≥2次。

2．在浇筑地点的坍落度，每班检查≥2次。

3．及时调整施工配比（当有外界影响时）。

4．搅拌时间随时检查。

（二）混凝土外观质量检查

1．表面——无麻面、蜂窝、孔洞、露筋、缺棱掉角、缝隙夹层等缺陷；

2．尺寸偏差——位置、标高、截面尺寸，垂直度、平整度，预埋设施、预留孔洞。

（三）混凝土强度的检查

1．试块的留置

（1）取样：地点——浇筑地点，随机取。

数量——每100盘、每100m^3、每工作班、每楼层、每一验收项目的同配比混凝土取样不少于一次；

每次标准试件至少一组，同条件养护者据需要而定；

每组三个试件。

（2）最小试件尺寸，见表 4-9。

最大骨料粒径(mm)	试件边长(mm)	强度的尺寸换算系数
≤31.5	100	0.95
≤40	150	1.00
≤63	200	1.05

试件最小尺寸及其强度换算系数　　　　表 4-9

2. 试压强度代表值

（1）强度与中间值之差均不超过 15% 时——取平均值；

（2）有一个与中间值之差超过 15% 时——取中间值；

（3）最大、最小值与中间值之差均超过 15% 时——作废。

3. 同批强度评定方法

大批量生产（15 组以上，10 组以上）：按统计法评定；

零星生产：可按非统计法。要求同一验收批混凝土强度的；

平均值　　$m_{fcu} \geqslant 1.15 f_{cu,k}$；

最小值　　$f_{cu,min} > 0.95 f_{cu,k}$。

第五节　混凝土冬期施工

一、冬施起始时间

当室外日平均气温连续 5d 稳定低于 5℃ 时，或寒流袭来，当日最低温度低于 0℃ 时，混凝土工程应采取冬施措施。

温度确定：据当地多年气象资料及当年气候趋势确定。

二、混凝土受冻及受冻临界强度

1. 混凝土冻结温度

−1.5～−2℃ 开始冻结（游离水）；

−2～−4℃ 全部冻结（吸附水）。

2. 混凝土受冻后造成最终强度损失

原因——冰胀应力使混凝土内部产生微裂纹，筋和粗骨料表面形成冰膜影响粘结力。

特点——冻结越早、水灰比越大，则强度损失越多。

3. 混凝土受冻临界强度（受冻前应达到的强度）

混凝土受冻后，其最终强度损失不超过 5% 的预养强度值（混凝土基本上能够抵抗冰胀应力的最低强度）。规范规定见表 4-10。

混凝土的受冻临界强度	表 4-10
混凝土种类	受冻临界强度
用硅酸盐水泥、普通硅酸盐水泥配制	30%设计标准强度，且≥5N/mm²
用矿渣硅酸盐水泥等水泥配制	40%设计标准强度，且≥5N/mm²
抗渗	50%设计标准强度
有抗冻耐久性要求	70%设计标准强度

三、混凝土冬施要求

1. 材料

（1）水泥——优先选用硅酸盐水泥、普通硅酸盐水泥，用量≥280kg/m³ 混凝土；

（2）水灰比≤0.55；

（3）骨料中不得有冰块、雪、冻块；

（4）外加剂不宜使用氯盐防冻剂。

2. 拌制

（1）材料加热温度应据热工计算确定，最高温度限制见表4-11。

拌合水及骨料最高温度		表 4-11
水泥强度等级	水温	骨料温度
＜42.5	80℃	60℃
≥42.5	60℃	40℃

（2）搅拌时间：比常温延长 50%。

3. 运输

缩短运距，容器保温，保证入模温度≥5℃。

4. 浇筑

清除模板、钢筋上的冰雪、污垢；

不得在强冻胀性的地基上浇筑；

大体积混凝土浇上层时，下层温度≥2℃；

混凝土结构加热养护时，若＞40℃应征得设计同意（防止较大温度应力）；

装配式结构接头应先预热，再浇筑，在≤45℃条件下养护至75%设计强度。

5. 养护及质量检查

养护时间保证混凝土达到允许受冻强度；做好混凝土测温工作；

增加两组同条件养护试件（检验冻前、转入常温 28d 时的混凝土强度）。

四、混凝土冬施方法的选择

1. 蓄热法——水与骨料加热＋水化热＋保温覆盖

原理：混凝土在冻结前达到受冻临界强度。

适用于：室外最低温度≥－15℃时的地下工程。

表面系数（冷却面积/全部体积）≤5m⁻¹ 的结构。

2. 综合蓄热法——蓄热法＋早强型外加剂

适用于：温度≥－15℃，表面系数 5~15m⁻¹ 的结构。

3. 外加剂法——掺入抗冻、早强、催化、减水剂等单一或复合外加剂

原理：混凝土在负温下不冻结，继续硬化。

适用于：室外最低温度≥－15℃，初冬、早春。

注：严格限制氯化物外加剂掺量。

4. 暖棚法——搭棚围护，棚内加热至 5℃以上

特点：同常温操作；费资、耗能大。

适用：地下工程、混凝土集中的工程。

5. 加热养护法

特点：耗能多，费用高；混凝土强度增长快。

注：严格控制升降温速度。

（1）蒸汽养护——棚罩法、汽套法、热模法、内部通汽法。

　　　要求：普通硅酸盐水泥≤80℃，矿渣硅酸盐水泥≤85℃；

　　　　　　低压（<0.07MPa）饱和蒸汽。

（2）电热养护——电极、电热器、红外线辐射加热法。低强度时效果较好。

第五章　预应力混凝土工程

第一节　概　述

1. 预应力混凝土

在结构或构件承受设计荷载前，预先对混凝土受拉区施加压应力，以抵消使用荷载作用下的部分拉应力。

2. 施加预应力的目的

(1) 提高抗裂度；

(2) 提高构件的刚度；

(3) 充分发挥高强材料的作用；

(4) 把散件拼成整体。

3. 施加预应力的方法

利用钢筋的弹性，使受拉区钢筋对该区混凝土施加预压应力。

4. 预应力混凝土的施工方法

(1) 按施工顺序分：先张法；后张法。

(2) 按预应力筋张拉方法分：机械张拉（液压或电动螺杆）；电热张拉。

第二节　先张法施工

工艺过程：张拉、固定钢筋→浇混凝土（养护至 30MPa 以上）→放松钢筋。

适用于：构件厂生产中、小型构件（楼板、屋面板、吊车梁、薄腹梁等）。

一、先张法施工的设备

(一) 台座

1. 要求

有足够的强度、刚度和稳定性；满足生产工艺的要求。

2. 形式

(1) 墩式（传力墩、台面、横梁）——长度 100～150m，适于中、小型构件。

（2）槽式（传力柱、上下横梁、砖墙）——长 45～76m，适于双向预应力构件，易于蒸养。

（3）钢模台座。

（二）夹具

1. 锚固夹具

① 圆套筒夹片式（二片、三片）——锚固单根 $\phi 12\sim14$ 钢筋或钢绞线；

② 螺母夹具——锚固精轧螺纹钢；

③ 镦头锚具——带槽螺栓、梳子板。

用于：锚固钢筋、钢丝（冷镦）。

要求：镦头强度不低于材料强度的 98％，钢丝束长度差值 $\leqslant L/5000$、$\leqslant 5mm$。

2. 张拉夹具

偏心式、楔形，与锚固夹具相同。

（三）张拉机械

液压千斤顶：穿心式、拉杆式、台座式等。

二、先张法施工工艺

（一）张拉预应力筋

1. 张拉程序：

常用　$0\rightarrow 1.05\sigma_{con}$（持荷 2min）$\rightarrow\sigma_{con}$；

或：$0\rightarrow 1.03\sigma_{con}$。

超张拉的目的——减少由于钢筋松弛造成的预应力损失。

2. 控制应力及最大应力：见表 5-1。

先张法预应力筋张拉的控制应力及最大应力　　表 5-1

预应力筋种类	σ_{con}	σ_{max}	备注
钢丝、钢绞线	$0.75f_{ptk}$	$0.80f_{ptk}$	f_{ptk}：极限抗拉强度标准值
螺纹钢筋	$0.85f_{pyk}$	$0.90f_{pyk}$	f_{pyk}：屈服强度标准值

3. 张拉要点

（1）采用应力控制方法张拉时，应校核预应力筋的伸长值。

实际伸长值与计算伸长值的偏差超过 $\pm 6\%$ 时，应暂停张拉，进行调整后再拉。

计算伸长值：
$$\Delta L=\frac{F_p l}{A_p E_s}$$

式中　F_p——平均张拉力；

$\qquad l$——筋长；

A_p——截面积；

E_s——钢筋的弹性模量。

(2) 从台座中间向两侧进行（防止偏心而损坏台座）。

(3) 多根成组张拉，初应力应一致（用测力计抽查）。

(4) 张拉速度平稳，锚固松紧一致，设备缓慢放松。

(5) 拉完的预应力筋位置偏差≤5mm，且≤构件截面短边的4%。

(6) 冬施张拉时，温度≥－15℃。

(7) 注意安全：两端严禁站人，敲击楔块不得过猛。

(二) 混凝土浇筑与养护

1. 混凝土一次浇完，混凝土≥C30。

2. 防止较大徐变和收缩：选收缩小的水泥；

水胶比≤0.5；

级配良好；

振捣密实（特别端部）。

3. 防止碰撞、踩踏钢丝。

4. 减少应力损失：非钢模台座，应采取二次升温养护。

(三) 预应力筋放松

1. 条件

混凝土达到设计规定且≥30MPa。

2. 方法

锯断，剪断。

3. 要点

放张顺序：轴心受压构件同时放；

偏心受压构件先同时放预压应力小区域的，再同时放大区域的；

其他构件，应分阶段、对称、相互交错地放张。

注意：粗筋放张应缓慢（用砂箱法、楔块法、千斤顶法）。

第三节 后张法施工

工艺过程：浇筑混凝土结构或构件（留孔）→养护拆模→（达75%强度后）穿筋张拉→固定→孔道灌浆→（浆达15N/mm²，混凝土达100%后）移动、吊装。

适于：大构件及结构的现场施工——如：构件制作，预制拼装，结构张拉。

特点：不需台座；但工序多、工艺复杂，锚具不能重复利用。

一、预应力筋、锚具和张拉机具

锚具按锚固性能分两类：

Ⅰ类——承受动、静载的无粘结、有粘结的预应力混凝土；

Ⅱ类——有粘结、预应力筋的应力变化不大的部位。

锚具的效率系数及总应变见表 5-2。

锚具的效率系数及总应变　　　　表 5-2

锚具种类	Ⅰ类	Ⅱ类
锚具效率系数	$\eta_a \geqslant 0.95$	$\eta_a \geqslant 0.9$
锚具极限拉力时的总应变	$\varepsilon_u \geqslant 2.0\%$	$\varepsilon_u \geqslant 1.7\%$

（一）单根粗筋（螺纹钢筋）

1. 锚具

螺母锚具（螺母、垫板），如 BSM、JLM 锚固体系。

适于：直径 18～32mm 筋。

2. 预应力筋制作

调直、下料、接长。

下料长度计算：$L=$ 孔道长度 $+2\times$（120～150）（mm）。

3. 张拉设备

拉杆式千斤顶，穿心式千斤顶。

（二）钢筋束、钢绞线束

1. 锚具

张拉端——JM-12 型锚具：可锚 3～6 根直径 12 的光圆、螺纹筋或钢绞线；

单孔夹片式锚具：二片式、三夹片（直、斜开缝）；

多孔夹片式锚具：YJM 型、VLM 型、XM 型、QM 型等；

非张拉端——钢筋：镦头锚具（固定板）；

钢绞线：挤压锚具。

2. 筋的制作

下料长度：两端张拉——$L=l_0+2a$；

一端张拉——$L=l_0+a+b$。

式中　l_0——孔道长；

　　　a——张拉端留量（600～850mm，由机具定）；

　　　b——非张拉端外露长（80～100mm）。

3. 张拉设备

穿心式千斤顶（YC-60）——用于 JM-12、JM-15 锚具。

大孔径穿心式千斤顶（YDC、YDN、YDB 型）——用于大吨位钢绞线束。

大吨位前卡式千斤顶——用于大吨位钢绞线束。

(三) 钢丝束

1. 锚具

(1) 张拉端——钢质锥形锚具（GZ 型，由锚环、锚塞组成，锚 18 根以下 $\phi5$、$\phi7$ 钢丝）；

　　　　　　镦头锚具（DM_5A，锚 12~54 根 $\phi5$ 钢丝）。

(2) 非张拉端——用镦头锚具（锚板），DM_5B。

2. 钢丝束制作

下料→编束→安锚具（镦头时）。

(1) 下料长度：用钢质锥形锚具时，同钢筋束；

(2) 下料方法：采取应力下料，控制应力取 $300N/mm^2$；

(3) 编束：测量直径，同束误差≤0.1mm；

　　　　　每隔 1m 编一道成帘子状；

　　　　　每隔 1m 放一与螺杆直径一致的弹簧衬圈，绕衬圈成束、扎牢。

3. 张拉设备

锥锚式双作用千斤顶；拉杆式千斤顶；穿心式千斤顶。

二、后张法施工工艺

(一) 孔道留设

1. 要求　位置准确；

　　　　内壁光滑；

　　　　端部预埋钢板垂直于孔道轴线（中心线）；

　　　　直径、长度、形状满足设计要求。

2. 方法

(1) 钢管抽芯法（≤29m 的直孔）：

钢管应平直、光滑，用前刷油；

每根长≤15m，每端伸出 500mm；

两根接长，中间用木塞及套管连接；

用钢筋井字架固定，@≤1m；

浇混凝土后每 10~15min 转动一次；

抽管时间为混凝土初凝后、终凝前；抽管次序先上后下，边转边拔。

(2) 胶管抽芯法（直线、曲线孔道）：

钢筋井字架固定，@≤0.5m；

抽管时间较钢管略迟（可 200h·℃ 后）；顺序：先上后下，先曲后直；

曲线孔道曲峰处设泌水管。

（3）埋管法［埋金属或塑料波纹管（或称螺旋管）］

不需抽出，但应密封良好，有一定轴向刚度，接头严密；

定位筋间距≤1.2m；

峰谷差＞300m 时，在波峰设排气孔，间距≤30m。

（二）预应力筋张拉：

1. 条件

结构的混凝土强度符合设计要求或达 75％强度标准值；

块体拼接者，立缝混凝土或砂浆符合设计或≥块体混凝土强度的 40％，且≥15N/mm²。

2. 张拉控制应力和超张拉最大应力

同先张法，见表 5-1。

3. 张拉顺序

配有多根钢筋或多束钢丝的构件——分批对称张拉；

楼盖：板→次梁→主梁；

叠浇构件——自上而下逐层张拉，逐层加大拉应力，但顶底相差≤5％。

4. 张拉方式

（1）对抽芯法

长度≤24 m 直孔——一端张拉（多根筋时，张拉端设在结构两端）；

长度＞24 m 直孔、曲线孔——两端张拉（一端锚固后，另一端补足再锚固）。

（2）对埋波纹管（螺旋管）法

长度≤20m 曲孔、≤35m 直孔，可一端张拉；否则两端张拉。

5. 张拉程序

与所用锚具有关，一般同先张法。

6. 张拉力计算

$$N=(1+m)(\sigma_{con}+\alpha_E\sigma_{pc})A_r$$

式中 m——超张拉百分率；

α_E——预应力筋与混凝土的弹性模量之比（E_s/E_c）；

σ_{con}——张拉控制应力；

A_r——钢筋截面积；

σ_{pc}——后批张拉对本批筋重心处混凝土的法向应力。

$$\sigma_{pc} = \frac{(\sigma_{con} - \sigma_{l1}) \cdot A_p}{A_n}$$

式中　σ_{l1}——预应力筋第一批的应力损失（包括锚具变形和摩擦损失）；

　　　A_p——后批张拉的预应力筋的截面积；

　　　A_n——构件混凝土的净截面面积（包括构件钢筋的折算面积）。

【例 5-1】　一屋架有四根预应力筋，沿对角线分两批对称张拉，其程序为 $0 \rightarrow 1.05\sigma_{con}$（持荷 2min）$\rightarrow \sigma_{con}$，已知预应力筋为直径 25mm（$A_y = 491mm^2$）的精轧螺纹钢筋（$f_{pyk} = 785N/mm^2$），第二批张拉对第一批所造成的预应力损失 $\alpha_E \sigma_c = 24.3N/mm^2$，求各批筋的张拉力，并对张拉方案进行校核。

【解】

（1）第一批单根预应力筋的张拉力

$N_1 = 1.05 \times (0.85 \times 785 + 24.3) \times 491 = 356529$（N）= 356.53（kN）；

（2）第二批单根预应力筋的张拉力

$N_2 = 1.05 \times 0.85 \times 785 \times 491 = 344001$（N）= 344.00（kN）。

（3）最大张拉应力校核

该筋允许最大张拉应力为：$0.90f_{pyk} = 0.90 \times 785 = 706.50$（MPa）；

第一批张拉应力最大，为：$1.05 \times (0.85 \times 785 + 24.3) = 726.13 > 706.50$（MPa）；

不符合规定。原定张拉方案不可行，宜采取二次张拉补足等方案。

答：略。

（三）孔道灌浆

1. 目的：防止生锈；增加整体性。

2. 基本要求：饱满、密实，及早进行。

（1）水泥≥42.5 级的普通硅酸盐水泥；

（2）水泥浆抗压强度≥30MPa；

（3）水灰比 0.4 左右，不应大于 0.45；

（4）泌水率：≤1%，且 24h 内被水泥浆全部吸收；

（5）宜掺无腐蚀性外加剂（膨胀剂、减水剂）；

（6）孔道湿润、洁净，由下层孔到上层孔进行灌注；

（7）灌满孔道并封闭排气孔后，加压 0.5～0.7MPa，稳压

1~2min后封闭灌浆孔；

（8）较长孔道宜采用真空辅助注浆。

（四）无粘结预应力混凝土施工工艺

特点：无需留孔与灌浆，施工简单；张拉摩阻力小，预应力筋受力均匀；可做成多跨曲线状；构件整体性略差，锚固要求高。

适用：现场整浇结构、较薄构件等（如梁板等）。

1. 无粘结筋的制作

钢丝束、钢绞线束外包涂料层及包裹层。

涂料层：$-20\sim+70℃$ 不变脆，不侵蚀其他材料，稳定性好，防腐、润滑，不透水、不吸湿。

包裹层：塑料布或塑料管，厚 0.8mm 以上。

2. 存放

成盘立放，不挤压，不暴晒。

3. 铺设无粘结预应力筋

（1）条件——其他钢筋安装后进行。

（2）顺序——纵横交叉者，先低后高。

（3）就位固定——垫铁、马凳，或与其他钢筋固定牢固；要保证位置准确；避免两向相互穿插，端部预埋的承压板与筋垂直；内埋式固定端垫板不重叠，锚具与垫板贴紧。

4. 张拉

顺序符合设计要求。

40m 内一端张拉；>40m，两端张拉。

先用千斤顶抽动 1~2 次。

滑脱、断裂数量≤2%（同一截面总量的）。

5. 端部处理

（1）目的：浇混凝土封闭锚具及钢筋，防止腐蚀、机械损伤，保证耐久性。

（2）要求：

1）预应力筋锚固后的外露部分采用机械方法切割；

2）预应力筋的外露长度≥1.5 倍直径，且≥30mm；

3）锚具的保护层厚度≥50mm；

4）外露预应力筋的保护层厚度：正常环境≥20mm；易受腐蚀的环境≥50mm。

第六章　结构安装工程

第一节　概　述

1. 结构吊装

将装配式结构的各构件用起重设备安装到设计位置上。

2. 施工特点

（1）受预制构件的类型和质量影响大。

（2）机械选择最关键。取决于安装参数；决定了吊装方法与工期。

（3）构件受力变化多。需正确选择吊点；有时需验算强度、稳定性，并采取相应措施。

（4）高空作业多，工作面小，易发生事故，故需加强安全措施。

第二节　起重安装机械与设备

一、自行杆式起重机

优点：自身有行走装置，移位及转场方便；

　　　操作灵活，使用方便，可360°全回转。

缺点：稳定性差，工作空间小（斜臂杆、底铰低）。

（一）类型、特点与型号

1. 履带式：

优点——对场地、路面要求不高；

　　　　可负重行驶；

　　　　能360°全回转，臂长可接。

缺点——行驶慢，对路面有破坏，稳定性差。

型号——W_1-50（5t）、W_1-100（10t）、W-200（50t）、QU20、QUY50等。

2. 汽车式：起重机构装在汽车底盘上。

优点——行驶速度快，可上公路行驶；

　　　　伸缩臂变化快。

缺点——吊装时必须用撑脚（支腿）；

　　　　不能负重行驶。

型号——Q_1-5、Q_2-8、QY-16、QY-32、…、QY125、QY160 等。

3. 轮胎式：专门设计的，专用轮胎和特制底盘。

优点——轮胎行驶，速度较快；

　　　　对路面破坏小；

　　　　起重量小时负重行驶。

缺点——对路面要求高；起重量大时必须用撑脚。

型号——QL_3-16、QL_3-25、QL_3-40。

4. 全路面起重机

单独设计的底盘；先进的转向及控制系统；起重能力强；吊重小时可不用撑脚。

常用于大型设备安装。

（二）主要技术性能参数

1. 起重量 Q——吊钩所能提起的荷载；

2. 起重高度 H——吊钩至停机面的高度；

3. 回转半径 R——吊钩中心至机械回转轴间的水平距离。

关系：臂长 L 一定时，三个参数随臂的仰角变化而变化；

$R\uparrow$：$Q\downarrow$、$H\downarrow$；$R\downarrow$：$Q\uparrow$、$H\uparrow$。

参数可据技术参数表或起重性能曲线查出。

二、塔式起重机

1. 构造组成

（1）机构——变幅机构、起升机构、回转机构、（行走机构）、动力及操纵装置、安全装置；

（2）结构——行走台车或底座、塔身、塔帽、起重臂、平衡臂（平衡重）、驾驶室、（压重仓）。

2. 特点

优点——起重臂安装位置高，故服务空间大；

　　　　能最大限度地靠近建筑物；

　　　　移动灵活，工效高；

　　　　司机视野好，使用安全。

缺点——安装、拆卸及转场困难。

3. 性能参数（表6-1）：

主要包括——起重量 Q、起重高度 H、回转半径 R、起重力矩 M。

4. 类型

按安装特点分——固定式、附着自升式、轨行式、爬升式；

按回转部位分——上回转、下回转；

按变幅方法分——动臂变幅、小车变幅；

按起重能力分——轻型 5～50kN、中型 50～150kN、重型 150～400kN。

5. 几种塔吊

（1）轨行式（见演示图）

1）型号：几种型号见表 6-1。

几种轨行式塔吊的性能　　　　表 6-1

型号	Q	R	H	轨距	备 注
QTZ40	0.8～4t	47～11m	30m	3.8m	固定时 H=31m 附着时 H=100m
QTZ100 （5016）	1.6～8t	50～13.6m	47m	5m	固定时 H=41m 附着时 H=140m 内爬时 H=140m
FO/23B （M=145t·m）	2.3～10t	50～14.5m	61.6m	6m	固定时 H=49m 附着时 H=140m 内爬时 H=280m

2）特点：使用灵活，服务范围大；但稳定性较差。

3）适用：长度大、进深小的多层建筑。

（2）爬升式

安装于建筑物内（电梯井、框架梁…），利用套架、托梁随结构升高上爬。

1）型号：QTZ50（5013）、QTZ70（5012）、QTZ100（5015）、QTZ160（6516）等。

2）特点：起升高度大（受卷扬机容绳量限制）；

控制范围大，占用场地小；

拆除时较困难。

3）爬升过程：固定下支座→提升套架→固定套架→下支座脱空→提升塔身→固定下支座。

（3）附着式自升塔

1）型号：QTZ40，QTZ63，QTZ100，QTZ200，FO/23B，H3/36B 等。

2）性能：

如：QTZ100，最大自由高度 50m；40m 处安装第一道附着臂，以上每 20m 加一道附着臂锚固于建筑物。见表 6-2。

3）自升过程（见演示图）。

QTZ100 塔吊不同臂长时的性能			表 6-2
臂长 55m	起重幅度 3～55m	起重量 8～1.5t	起重高度：独立式时 50m，附着式时 120m
臂长 60m	起重幅度 3～60m	起重量 8～1.2t	

6. 塔吊的安装

用自行式起重机分块、分节安装。

自升塔、爬塔：初步安装到一个基本高度后，自行接高或爬升。

三、桅杆式起重机

（一）类型、构造及特点

1. 类型与构造：独脚拔杆、人字拔杆、牵缆式拔杆、悬臂拔杆。

2. 特点：优点——制作简单、装拆方便；起重量、起重高度大（可自行设计）。

缺点——需较多缆风绳；移动困难，灵活性差；服务范围小。

（二）独脚拔杆的计算

1. 内力分析：轴向压力；拔杆弯矩；底部水平力。

2. 拔杆截面验算。

3. 其他附件计算：卷扬机、滑轮组、钢丝绳、锚碇等。

四、索具设备

（一）卷扬机（快速、慢速、调速，单筒、双筒）

常用：牵引力 5～50kN，电磁制动式。

卷扬机安装要求：

1）位置：

司机视线好、地势高处；

距起吊处≥15m（安全距离）；

司机视仰角≤45°；

距前面第一个导向滑轮≥20 倍卷筒长（防乱绳）；

钢丝绳尽量不穿越道路。

2）钢丝绳从卷筒下绕入，卷筒上存绳量不少于 4 圈。

3）固定：牢固。

（二）滑轮组

1. 钢丝绳跑头拉力 T

$$T = k'Q$$

式中　Q——计算荷载；

k'——滑轮组省力系数；

当钢丝绳从定滑轮绕出者：$k' = \dfrac{f^{n}(f-1)}{f^{n}-1}$；

当钢丝绳从动滑轮绕出者：$k' = \dfrac{f^{n-1}(f-1)}{f^{n}-1}$。

2. 使用注意

滑轮直径和轮槽直径与绳配套；

查明荷载，检查有无损伤；

定、动轮间距≥2～3.5m。

（三）钢丝绳

1. 类型

按钢丝数分为：$6×19$，$6×37$，$6×61$（股数×每股丝数）。

按丝成股和股成绳的捻绕方向分为：

（1）交互捻——不易松散和扭转，宜作起吊绳，但挠性差；

（2）同向捻——挠性好，表面光滑，磨损小，但易松散和扭转，不宜用于悬吊重物；

（3）混合捻——性能介于前两种之间，制作复杂，用得少。

2. 容许拉力

$$S \leqslant \frac{P}{K} = \frac{R\alpha}{K}$$

式中　P——绳破断拉力；

R——钢丝绳的钢丝破断拉力总和；

α——受力不均匀系数（$6×19$ 者 0.85，$6×37$ 者 0.82，$6×61$ 者 0.8）；

K——安全系数（缆风钢丝绳 $K=3.5$；起重钢丝绳 $K=5～6$；捆绑吊索 8～10）。

3. 使用注意

滑轮直径 $D=10～12d$，（d——绳径）；

轮槽直径 $B=d+(1～2.5\text{mm})$；

定期加油（≤4 个月一次）；

存放时应成盘竖立，存于库房内，不得重压；

定期检查，磨损、锈蚀、断丝等状况；

达到报废标准必须报废。

（四）锚碇

1. 桩式

承载能力：单排（$P=1～3$）

双排（$P=3～5$）

三排（$P=6～10$）

设置方式：打入式，埋入式。

2. 水平

承载力及构造应经设计计算确定；

埋深一般 1.5～3.5m；

当 $P>7.5t$ 时需加压板；

当 $P>15t$ 时需立板栅。

注意：锚碇不得反向使用；

　　　锚碇前 2.5m 内无坑槽；

　　　周围高出地坪，防止浸泡；

　　　原有的或放置时间较长的应经试拉后再用。

（五）横吊梁（铁扁担）

用途：减少起吊高度，满足水平夹角要求；

　　　保持构件垂直、平衡，便于安装。

形式：滑轮式、钢板式——吊柱；

　　　钢管式（6～12m）——吊屋架。

第三节　单层厂房结构安装

一般施工方法：基础现浇；

吊车梁、连系梁、地梁、天窗架、屋面板工厂预制；

柱、屋架在现场预制。

一、吊装前的准备

1. 清理场地，铺设道路

事先标出机械开行路线、构件堆放位置；

清理场地；

平整压实道路，松软土铺枕木、厚钢板，雨季排水；

三通（水电路）一平（地）一排（水），路宽 3.5～6m，转弯半径 10～20m。

2. 清理检查构件

（1）混凝土强度：≥75％设计强度，孔道灌浆≥15N/mm²。

（2）外观：构件外形、尺寸、侧弯；

　　　　　预埋件位置和尺寸；

　　　　　表面有无损伤、缺陷、变形；

　　　　　吊环规格和位置。

3. 构件弹线和编号

弹安装中心线、准线；

按图编号并注明上下左右的位置方向。

4. 杯基准备

（1）检查杯口的尺寸并弹线；

（2）杯底抄平，保证安装后各柱牛腿顶面标高一致。

5. 构件运输与堆放

要防止损坏。

6. 构件的拼装与加固

屋架、天窗架。

7. 料具的准备

吊装机具，焊接机具，竹梯、挂梯，钢、木楔及垫片。

二、构件吊装工艺

工艺过程：绑扎→起吊→就位→临时固定→校正→最后固定。

（一）柱

1. 绑扎

（1）绑扎点数

1）一点绑扎：用于中小型柱（<13t）；

绑扎点在牛腿根部（实心处，否则加方木垫平）。

2）两点绑扎：用于重型柱或配筋少而细长柱（抗风柱）；

3）三点绑扎：用于重型柱，双机抬吊。

两、三点绑扎须计算确定位置，合力作用点应高于柱重心。

（2）绑扎方法

1）斜吊绑扎法：不需翻身，起重高度小；

起吊后对位困难。

2）直吊绑扎法：翻身后两侧吊，不易开裂，易对位；

但需吊梁，吊索长，起重高度大。

2. 起吊（单机吊装）

（1）旋转法：起重机边升钩边转臂，柱脚不动而立起，吊离地面后，转臂插入杯口。

柱布置要点：

柱脚靠近基础；

绑扎点、柱脚中心、杯口中心三点共弧。

常用此方法。

（2）滑行法：起重机只升钩不转臂，柱脚向前滑动而立起，转臂插入杯口。

柱布置要点：

绑扎点靠近基础；

绑扎点与杯口中心两点共弧。

吊装时：柱脚下设滚木，免柱受振动。

用于：

柱重、长，起重机回转半径不足；

场地紧，无法按旋转法排放；

使用桅杆式起重机。

3. 就位与临时固定

（1）柱插入杯口，距底 30～50mm 时，插入 8 个楔子，对位、打紧、落钩，用石块卡住柱脚；

（2）高、重柱用缆风绳拉住。

4. 校正

主要是垂直度——用两台经纬仪观测。

（1）校正方法：

1）敲打楔子法：柱脚绕柱脚转动（10t 以下柱）；

2）敲打钢钎法：柱脚绕楔子转动（25t 以下柱）；

3）撑杆校正法：用钢管校正器（10t 以下柱）；

4）千斤顶平顶法：（30t 以内柱）。

（2）注意：

1）先校偏差大的面；

2）楔可松不可拔出；

3）柱高＞10m 时需考虑阳光照射温差的影响。

5. 最后固定（校正后立即进行）

（1）清理湿润，柱脚下空隙大者先灌一层砂浆或流动性好的嵌缝材料；

（2）分两次灌豆石混凝土（标号比构件提高一级）：第一次至楔下；达 25％后拔楔，第二次灌满；

（3）第二次灌的混凝土达 75％后，方可安上部构件。

（二）吊车梁

柱杯口灌缝混凝土达到 75％后进行；两点绑扎，水平起吊，两端设拉绳；

就位时用垫铁垫平，一般不需临时固定；

校正：中小型吊车梁——屋盖安完后拉通线校正位置。靠尺检查垂直度。

重型吊车梁——边吊边校。

固定：预埋铁件焊牢，梁柱间及接头处支模浇细石混凝土。

（三）屋架

1. 扶直

先全部翻身扶直就位，再吊装。

扶直方法：正向扶直；反向扶直。

扶直要点：吊索与水平面≥60°，加垫木垛，端头拉住，立于便于吊装的位置。

2. 绑扎（按设计要求点数与位置）一般情况

(1) 位置：上弦靠近端部结点或其附近。

(2) 方法：

1) 跨度<18m——两点绑扎；

2) 跨度18～30m——四点绑扎；

3) 跨度>30m——应使用铁扁担。

(3) 注意：吊索与水平面夹角≥45°；吊装前做好加固处理。

3. 吊升、就位与临时固定

吊升保持水平，至柱顶以上用拉绳旋转对位。

临时固定：第一榀用四根缆风绳系于上弦，拉住或与抗风柱连接，第二榀以后用工具式支撑（校正器）与前榀连接。

4. 校正、最后固定

(1) 校正——用线锤或经纬仪检查，使上弦三点木尺在同一垂直面内。

校正器调整并垫薄钢片；

垂直度偏差≤1/250屋架高度。

(2) 固定——在屋架两端对角同时施焊。

(四) 屋面板

1. 安装顺序：自两边檐口对称向屋脊。

2. 绑扎起吊：埋有吊环，带钩吊索勾住；

四绳拉力相等，保持水平；

可一机多吊，$\alpha \geq 45°$。

3. 固定：对位后，焊接固定。

每间除最后从一块板外，每块与屋架上弦焊接不少于三点。

三、结构吊装方案

(一) 结构吊装方法

1. 分件吊装法：一种类型的构件吊完后再吊另一种类型的构件。

第一次开行——各排柱子；

第二次开行——地梁、吊车梁、连梁；

第三次开行——屋盖系统（屋架、支撑、天窗架、屋面板）。

分件吊装法是常用方法。

2. 综合吊装法：一个节间全部吊装完后再吊下一个节间。

主要用于已安装了大型设备等，不便于起重机多次开行的工程，或要求某些房间先行交工等。

3. 两法比较，见表 6-3。

分件吊装法与综合吊装法比较   表 6-3

吊装方法	分件吊装法	综合吊装法
优点	机械灵活选用	停机次数少，开行路线短
	校正、固定时间充裕，质量高	利于大型设备安装（先安）
	索具更换少，工人熟，工效高	后续工程可紧跟，局部早用
	现场不拥挤	
缺点	装饰、围护晚	现场紧张
	开行路线长	机械不经济
		校正及固定时间紧迫
		工效低，质量控制难

（二）起重机的选择

1. 选择的内容

（1）类型——常用自行杆式，也可用塔吊、桅杆式；

（2）型号——据构件尺寸、重量、安装位置，计算出所需参数后选择；

（3）数量——据工程量、工期、施工定额确定。

2. 起重机型号选择的步骤

（1）计算所需的起重参数

1）起重量： $$Q \geqslant q_1 + q_2$$

式中 q_1——构件重；

     q_2——索具重。

2）起重高度： $$H = h_1 + h_2 + h_3 + h_4$$

式中 h_1——停机面至安装支座高度；

     h_2——安装间隙（$\geqslant 0.3\text{m}$）或安全距离（$\geqslant 2.5\text{m}$，当构件运行轨迹上有人员、设备等时）；

     h_3——绑扎点至构件底面尺寸；

     h_4——吊索高度。

3）起重半径（幅度）R：

当 R 受场地安装位置限制时，先定 R 再选能满足 Q、H 要求的机械；

当 R 不受限制时，据所需 Q、H 选机型后，查出相应允许的 R。

4）最小臂杆长度：起重杆跨过已安装好的结构去吊构件时，需计算。

① 数解法： $L = L_1 + l_2 = \dfrac{h}{\sin\alpha} + \dfrac{a+g}{\cos\alpha}$

令其微分得"0"：

$\dfrac{\mathrm{d}L}{\mathrm{d}\alpha} = \dfrac{-h\cos\alpha}{\sin^2\alpha} + \dfrac{(a+g)\cdot\sin\alpha}{\cos^2\alpha}$ ，得： $\dfrac{h}{a+g} = \dfrac{\sin^3\alpha}{\cos^3\alpha} = \tan^3\alpha$

故 $\alpha = \arctan\sqrt[3]{\dfrac{h}{a+g}}$

则有： $L_{\min} = \dfrac{h}{\sin\alpha} + \dfrac{a+g}{\cos\alpha}$

选出 L 后，则有： $R = F + L\cos\alpha$ ； $H = E + L\sin\alpha$

② 图解法：初选某种机械后画出 E 高度水平线。

（2）起重机型号及臂长的确定

① 根据：吊柱需计算——最重柱 Q、H，最高柱 Q、H；

           吊屋架计算—— Q、H；

           吊屋面板计算—— 最高一块 Q、H，最远一块 Q、H。

② 按每组参数选定机械型号及臂长，查出所对应的 R 及 $R_{\min}$（若所有构件采用一台机械，则各组参数应同时满足）。

3. 起重机数量

$$N = \frac{1}{TCK}\sum\frac{Q_i}{S_i}$$

式中 T——工期；

    C——班制；

    K——时间利用系数（0.8～0.9）；

    Q_i——工程量；

    S_i——产量定额。

（三）构件的平面布置

1. 构件预制的平面布置

考虑问题：

① 尽量在本跨内预制；

② 应满足吊装工艺的要求（减少负重行驶、杆起伏）；

③ 便于支模和浇混凝土及预应力施工；

④ 少占地，道路通畅，起重机回转不碰撞构件等；

⑤ 注意构件安装方向及扶直次序；

⑥ 预制场地坚实（填土需夯实，垫通长木板）。

（1）柱子布置

布置位置——跨内、跨外；方向——斜向、纵向、横向；

预制层数——单层制作、两层叠制。

1) 斜向布置（占地较多，起吊方便，常用）：

采用旋转法吊装——柱脚靠近杯口，三点共弧（S、K、M）；

采用滑行法吊装——吊点靠近杯口，两点共弧。

布置步骤：①确定机械开行路线，$R_{\min} \leqslant L \leqslant R_{选}$；

②确定吊柱停机点，$M \rightarrow R_{选} \rightarrow O$，$O \rightarrow R_{选} \rightarrow SKM$ 弧；

③确定预制位置，A、B、C、D 尺寸（见演示图）。

2) 纵向布置（用于滑行法吊装，占地少，制作方便，起吊不便）：

布置步骤：①确定机械开行路线，$R_{\min} \leqslant L \leqslant R_{选}$；

②确定吊柱停机点，两柱基中间垂线上；

③确定预制位置，平行、叠制（见演示图）。

(2) 屋架的布置

1) 位置：跨内；

2) 方向：正面斜向；正反斜向；正反纵向（见演示图）；

3) 预制层数：3～4 榀平卧叠制；

4) 注意：

① 斜向布置时，下弦与纵轴线夹角 10°～20°；

② 预应力屋架，两端均应留出抽管、穿筋、张拉操作场地 $\left(\dfrac{L}{2} + 3\mathrm{m} \right)$；

③ 每两垛之间留≥1m 间隙；

④ 每垛先扶直者放于上面，放置方向及埋件位置要正确（标出轴号、端号）。

2. 吊装前的布置

(1) 柱：就地起吊。

(2) 屋架：扶直后靠柱边布置（立放）。

扶直就位方式——正向扶直；反向扶直。

就位方向——斜向堆放、纵向堆放。

就位要求——构件间距≥200mm，支撑牢固，防止倾倒。

1) 斜向就位布置（见演示图）：

步骤：①确定吊装屋架时的开行路线及停机点；

②确定屋架布置范围；

③确定屋架布置位置。

2) 纵向就位布置：需起重机负重行驶，占地少；

4～5 榀为一组，靠柱边纵向布置；

每组最后一榀中心距前一榀安装轴线≥2m。

（3）吊车梁、连系梁：在柱列附近，跨内或跨外。

（4）屋面板、天窗架、支撑：

放于屋架对面柱边；

屋面板 6～8 块一垛；放在跨内，退后 3～4 个节间；放在跨外，退后 2～3 个节间；

距开行路线中心≥A＋0.5m。

第四节　多高层房屋结构安装

按功能有：多层工业厂房，多、高层民用建筑；

按结构有：装配式框架结构（有梁或无梁）、装配式墙板结构。

一、吊装机械的选择与布置

选择依据：建筑物层数和总高；

建筑物平面形状与尺寸；

构件尺寸、重量、安装位置；

工期要求；

场地情况；

现有机械情况。

要求：满足工艺、技术要求；

有获得的可能性；

经济效益好，技术先进。

1. 自行杆式

用于 4～5 层以下的框架结构。布置——可跨内开行或跨外开行。计算同前。

2. 塔式：

（1）布置

1）轨行式：跨内（少用）。

跨外单侧：$R \geq a+b$（见演示图）；

跨外双侧：$R \geq a+\dfrac{b}{2}$（两台时臂高差≥5m）。

2）附着式：距建筑物 3～6m，便于吊装、附着、拆除，起重幅度能覆盖所需吊装、运输区域。

3）内爬式：结构承载能力强、便于吊装、升高、拆除，起重幅度能覆盖所需吊装、运输区域及构件存放场地。

（2）型号选择

1）分别找出不同部位的起重量 Q_i 及所对应的 R_i；找出 M_{max}。

2）选机械：$M \geqslant M_{max}$，$R \geqslant R_{max}$，且 $H \geqslant h_1 + h_2 + h_3 + h_4$（$h_2 = 2.5\mathrm{m}$）。

3）验算。

二、吊装方法与次序

1. 方法：分件吊装法——常用于塔吊的跨外开行；

综合吊装法——常用于自行式的跨内开行（见演示图）。

2. 构件安装顺序：

原则：尽快使已安结构稳定（逐间封闭）；

满足结构构造要求（先标高低的梁）；

施工效率高（开行路线短，少换索具、少动臂）；

满足技术间歇要求（灌浆强度）。

（1）分件吊装（见演示图）

分层大流水：第一层全部柱→第一层全部梁→全部板→第二层重复；

分层分段流水：第一层一段柱→梁→第一层二段柱→梁→第一层一段、二段板等。

（2）综合吊装：（见演示图）

1）柱分层制作：一层第一间柱、梁、板→第二节间→第二层第一间；

2）柱整根制作：第一节间柱→第一层梁、板→第二层梁、板→第二节间。

三、构件布置

跨内布置——综合吊装法；跨外布置——分件吊装法。

布置方向——可纵向、斜向、横向。

原则：重近轻远；

避免二次搬运；

减少吊运距离；

分类、分型号单独存放。

四、结构吊装

主要要求：

钢筋调整到位并做好保护；

吊装位置准确，校正后及时焊接并对称等速施焊；

接头混凝土强度提高一级，防止开裂（捻缝处理、加膨

第六章 结构安装工程

胀剂）；

墙、柱接头方法——榫接、浆锚、整体式；

结构尽早形成封闭的整体，以保证稳定。

柱根处接头混凝土强度达到 75%、其他部位设计无要求时≥10MPa 后吊上一层。

第五节 大跨度钢结构安装

大跨度结构分：

平面结构体系：桁架、刚架、拱。

空间结构体系：网架、悬索、薄壳。

一、高空散装法

——搭设满堂脚手架，在设计位置安装，调整。

常用于螺栓球节点网架。

二、分条、分块吊装法

——把结构分成条状或块状单元，分别吊装就位，拼成整体。

搭设临时支撑架→安装→拆除支撑架（卸载）。

三、整体吊装法

——就地错位拼装，起重机吊装就位。

1. 大型网架：常用桅杆式起重机；

2. 中小型网架：常用自行杆式起重机。

四、高空滑移法

——拼装部位搭架子，逐条拼装，每条支座下设置滚轮或滑板，拖动使其在预埋轨道上滑动就位。

1. 逐条滑移法；

2. 逐条累积滑移法。

五、整体提升法

——利用提升设备，整体提升到位。

六、整体顶升法

——拼装后，利用结构柱或专用支架，通过千斤顶逐步顶升至设计位置。

七、折叠展开法

用于筒状屋盖。

第七章 路 桥 工 程

第一节 路 基 工 程

一、路基填筑

(一)基底处理

1. 挖除树根，清除地表种植土和草皮（清除深度≥150mm）；

2. 水田、池塘、洼地：排干水、换填水稳定性好的材料或抛石挤淤；

3. 横坡处理：

坡度1：5～1：2.5时，挖成台阶，宽度≥1m；

坡度陡于1：2.5时，做特殊处理（挡墙等）。

(二)填土材料

1. 一般的土和石均可（土应控制含水量在最佳范围）；

2. 工业废渣较好（粒径适当，废钢渣放置一年以上）；

3. 不能用的土：淤泥、沼泽土、含残余树根和易于腐烂物质的土；

4. 不宜用的土：

(1) 液限＞50％及塑限指数＞26的土（透水性差、变形大、承载力低）；

(2) 强盐渍土和过盐渍土；

(3) 膨胀土。

(三)填筑方法与要求

1. 全宽水平分层填筑。下层压实、检验合格后再填上一层；

2. 不同性质的材料要分层填筑，不得混填，防止出现水囊和薄弱层；

3. 水稳性、冻稳性好的材料填在路堤上部（或水浸处）。

二、路基压实

(一)机械选择

1. 按行走方式分：牵引式、自行式。

2. 按施压方式分：

（1）轻型光轮压路机（6～8t）——适用于各种填料的预压整平；

（2）重型光轮压路机（12～15t）——适用于细粒土、砂粒土、砾石土；

（3）重型轮胎压路机（30t以上）——适用于各种填料，尤其细粒土；

（4）羊足碾——适用于细粒土，粉土质及黏土质砂；

（5）振动压路机——适用于砂类土、砾石土、巨粒土；

（6）夯实机械——适用于狭窄工作场地、构筑物附近。

（二）压实要求

1. 控制填土的含水量，以达到压实度（压实系数）要求。

2. 每层厚度应通过试验确定（与压实遍数、机械类型、土的种类、压实度要求有关）。

3. 要轮迹重叠，碾压均匀，无漏压、死角。

4. 碾压要点：

（1）控制压路机速度（光轮静碾2～5km/h，振动压路机3～6km/h）；

（2）先慢后快；先轻后重；先静后振；先弱振后强振。

5. 碾压顺序：先路缘，后中间（直）；先低侧后高侧（小半径曲线）。

第二节　路面施工

一、路面基层

（一）半刚性基层

1. 材料类型：水泥稳定类、石灰稳定类、综合稳定类。

2. 施工方法：

（1）路拌法施工（平地机、推土机摊铺；路拌机、压路机）；

（2）厂拌法施工（摊铺机、平地机、压路机）。

3. 施工要求：

（1）细粒土粉碎，粒径不大于15mm；

（2）配料必须准确，石灰摊铺、洒水拌合必须均匀；

（3）严格控制摊铺厚度和高程；

（4）碾压时达到最佳含水量；

（5）碾压应使用 12t 以上的压路机；

（6）每层压实厚度 15～18cm，使用振动式压路机或羊足碾可适当增加；

（7）水泥稳定类铺压后，要保湿养护 7d，铺面前禁止通行。

（二）粒料类基层

1. 材料类型：

（1）嵌锁型（泥结碎石、泥灰结碎石、填隙碎石）；

（2）级配型（级配碎石、级配砾石、天然级配砂砾）。

2. 级配碎石施工要求：

（1）碎石粒径不得大于 30cm，级配满足要求；

（2）配料准确，拌合均匀，避免离析；

（3）控制好需铺厚度，路拱横坡符合规定；

（4）每层压实厚度：12t 三轮压路机≤15～18cm；

重型振动压路机、轮胎压路机 20～23cm。

二、沥青路面施工

常用沥青路面的种类：沥青混凝土路面、沥青碎石路面。

（一）施工准备

1. 沥青混合料的材料准备与检验；

2. 拌合设备的选型及场地布置；

3. 修筑试验段（研究拌和时间与温度、摊铺温度与速度、压实机械的合理组合、压实机械及压实方法、松铺系数、合适的作业段长度等）。

（二）摊铺作业

1. 内容：下承层准备、施工放样、摊铺机各种参数的调整与选择（熨平板宽度和拱度、摊铺厚度、熨平板的初始工作角、摊铺速度）、摊铺机作业。

2. 要点：

（1）摊铺前对熨平板加热；

（2）刮板输送器与螺旋摊铺器密切配合，速度匹配；

（3）保持工作的均匀性。

（三）碾压

1. 程序

初压→复压→终压。

2. 方法与要求

见表 7-1。

碾压方法与要求 表 7-1

工序	目 的	设 备	遍数	温度
初压	整平、稳定混合料	光轮压路机	2	110～140℃
复压	密实、稳定、成型	10～12t 三轮 10t 以上振动或轮胎	4～6	90～120℃
终压	消除轮迹、形成平整的压实面	光轮压路机	2～4	65～80℃

(四) 质量检验

内容：压实度、厚度、平整度、粗糙度。

第三节 桥 梁 工 程

一、桥梁工程施工的内容

1. 基础施工：明挖基础；桩基础、沉井基础；管柱基础；

2. 墩台施工：石砌、现浇、预制拼装；

3. 上部构造施工：支架法、架梁法、顶推法、悬臂法、转体法、刚性骨架法。

二、基础与墩台施工

(一) 基础施工

1. 明挖基础

(1) 旱地基坑开挖应避免超挖，做好放坡或护壁、排降水；

(2) 水中开挖需设置围堰：土、草袋、钢板桩、双壁钢围堰。

2. 管柱基础

(1) 管柱为分节预制的钢管、钢筋混凝土管、预应力混凝土管连接构成。

(2) 管柱下沉方法：振动，振动配合管内除土、吸泥、射水、射风等。

(3) 管柱内浇筑混凝土：水下浇筑；封底抽水后浇筑。

(二) 混凝土墩台施工

1. 模板：拼装式、固定式、滑升模板。

2. 钢筋随时绑扎，注意保护层厚度。

3. 混凝土施工要点：

(1) 大体积混凝土可分块浇筑，分块面积≥$50m^2$、高度≤2m，上下错开，做成企口。

(2) 控制水化热：低水化热水泥；填放≤25%石块。

（3）防止分层离析。

三、桥梁上部结构施工

（一）钢筋混凝土简支梁桥的施工

1．现浇法——设计位置支架模板、制作安装钢筋、浇筑混凝土；中断交通。

（1）落地支架：钢管支架，排架支模等。

（2）不落地支架：逐孔支设，移动梁等。

2．装配法——预制、运输、架设。

（1）陆地架设

架梁方法：自行式吊车；跨墩门式吊车；摆动排架；移动支架。

（2）浮吊架设

浮吊船架梁；固定式悬臂浮吊架梁。

（3）高空架设法——不阻塞航道，不受水深影响

方法：联合架桥机；闸门式架桥机；缆索架设。

（二）悬臂施工法

在墩柱两侧对称平衡地分段浇筑或安装箱梁，并张拉预应力钢筋。逐渐向墩柱两侧对称延伸。

1．特点与适用范围

（1）特点：

1）跨间不需搭设支架；

2）设备、工序简单；

3）多孔结构可同时施工，工期短；

4）能提高桥梁的跨越能力（上面的预应力筋将跨中正弯矩转变为支点负弯矩）；

5）施工费用低。

（2）用于：建造预应力混凝土悬臂梁桥、连续梁桥、斜拉桥、拱桥。

2．施工方法

（1）悬臂浇筑法：

利用悬吊式活动脚手架（挂篮），在墩柱两侧对称平衡地浇筑梁段（2～5m）混凝土，待每对梁段混凝土达到规定强度后，张拉预应力筋并锚固，然后向前移动挂篮。重复进行下一梁段施工。

1）主要设备——挂篮（可沿轨道行走的活动脚手架）。

2）工艺流程：挂篮前移就位→安装箱梁底模→安装底板及肋板钢筋→浇筑底板混凝土→安装肋、顶模板及肋内预应力管

道→安装顶板钢筋及顶板预应力管道→浇筑肋顶板混凝土→养护、拆模→穿筋、张拉→孔道压浆。

3）挂篮安装，过程见演示图。

4）施工要点：

① 一般采用快凝水泥配制的 C40～C60 混凝土，30～36h 可达 30MPa；

② 每段施工周期 7～10d；

③ 注意防止底板开裂：底板与肋板、顶板同时浇筑；使用活动模板梁预加变形。

（2）悬臂拼装法：

在工厂或桥位附近分段预制，运至架设地点后，用吊机起吊，在墩柱两侧对称拼装，并张拉预应力筋。重复进行下一梁段施工。施工要点：

1）块件制作

① 块件长度取决于运输、吊装设备能力（一般 1.4～6m，最好 35～60t）；

② 尺寸准确、接缝密贴，预留孔道对接顺畅（可间隔浇筑）。

2）运输与拼装

① 运输：场内运输（龙门吊、平车）→装船（吊机）→浮运。

② 吊装：

a. 陆地——自行式、门式吊车；

b. 水中——浮吊（水流平稳）；

c. 桥上吊机：轨道式伸臂吊机；

拼拆式活动吊机（承重梁上有纵向轨道）；

缆索起重机。

③ 拼接缝：湿接缝、干接缝、半干接缝、胶接缝。

3）穿束张拉

① 特点：较多集中于顶板部位；

两侧长度对称于桥墩。

② 穿束方式：明槽设置，穿锚于锯齿板；

暗管穿束：60m 以下推送，长者卷扬机牵引。

③ 张拉原则：对称于箱梁中轴线，两端同时张拉；

先张拉肋束（先边肋，后中肋），后板束（中至边）。

（3）非 T 形刚构桥的临时固结措施

1）楔形垫块法（现浇 C50）；

2）支架固结法；

3）立柱和预应力筋锚固法；

4）三角形撑架法。

（三）逐孔施工法

采用一套施工设备或一、二孔施工支架逐孔施工，周期性循环直至完成。

1. 优点：施工单一标准化、工作周期化、工程费用低。

2. 施工方法：

（1）临时支撑组拼预制节段法；

（2）移动支架现浇法；

（3）移动模架现浇法（移动悬吊模架；支撑式活动模架）；

（4）整孔吊装或分段吊装法。

（四）顶推法施工

在桥台后面的引道上或刚性好的临时支架上，预制箱形梁段（10～30m）2～3个，施加施工所需预应力后向前顶推，接长一段再顶推，直到最终位置。再调整预应力，将滑道支承移置成永久支座。

1. 施工方法

单向顶推，双向顶推，单点顶推，多点顶推。

（1）单向单点顶推：顶推设备设在一岸桥台处；前端安装钢导梁（0.6～0.7倍跨径，减少悬臂负弯矩）。

适用于：跨度40～60m多跨连续梁桥（跨度大，中间设临时支墩）。

（2）按每联多点顶推：墩顶上均设顶推装置；前后端均安装导梁。

适用于：特别长的多联多跨桥梁。

（3）两岸双向顶推：

适用于：中跨大且不设临时支墩的连续梁桥。

2. 顶推设备

（1）千斤顶

1）推头式：

① 安装在桥台上。竖向顶起后水平推进。

② 安装在桥墩上。竖顶落下后水平拉进。

2）拉杆式：

布置在墩（台）顶部、主梁外侧，拉杆与箱梁腹板上的锚固器连接，拉动、回油、逐节拆卸拉杆。

（2）滑道

由设置在墩顶混凝土滑台、不锈钢板、滑板（氯丁橡胶、聚四氟乙烯）组成。

3. 顶推工艺

制梁→顶推→施加预应力等→调整、张拉、锚固部分预应力筋→灌浆→封端→安装永久性支座。

4. 特点

（1）无需大量脚手架；

（2）可不中断交通；

（3）占用场地小，易于保证质量、工期、安全；

（4）设备简单。

5. 适用范围

跨度不大的、等高连续梁桥。

（五）转体法施工

在河流两岸，利用地形或简便支架预制半桥，分别将两个半桥转体合拢成桥。

1. 特点：减少支架、减少高空作业，施工安全、质量可靠，可不断航施工。

2. 适用于：单孔或三孔桥梁。

3. 施工方法：

（1）竖向转体施工法。

（2）平面转体施工法：有平衡重法；无平衡重法。

第八章　防水工程

第一节　概　述

1. 特点：防水是非常重要的工程，影响建筑物寿命和功能发挥。

2. 部位：地下、屋面、墙面、楼地面等。

3. 发展：新型高中档材料占据主导地位（高聚物改性沥青卷材及涂料；合成高分子卷材及涂料；聚乙烯丙纶卷材；聚合物水泥涂料；膨润土防水毯；膨胀型混凝土防水剂等）。

4. 严格管理：设计、施工专业化，有方案；材料限制；构造加强。

第二节　地下防水

一、概述

（一）施工原则

1. 杜绝防水层对水的吸附和毛细渗透；

2. 接缝严密，形成封闭的整体；

3. 消除所留孔洞造成的渗漏；

4. 防止不均匀沉降而拉裂防水层；

5. 防水层做至可能渗漏范围以外。

（二）施工特点

1. 质量要求高：长期水压作用下不渗、不漏；

2. 施工条件差：坑内、露天、地上地下水；

3. 材料品种多，质量、性能不统一；

4. 成品保护难：施工期长，材料薄，强度低；

5. 薄弱部位多：变形缝、施工缝、后浇缝、穿墙管、螺栓、预埋件、预留洞、阴阳角等。

（三）主要做法

1. 防水混凝土结构自防水（普通防水混凝土、外加剂防水混凝土）。

2. 附加防水层：

（1）卷材防水层：1）改性沥青（SBS、APP 等）；

2）橡胶（三元乙丙、氯丁等）；

3）塑料（聚乙烯、聚氯乙烯等）；

4）橡塑（氯化聚乙烯—橡胶共混等）。

（2）涂膜防水层：橡胶、树脂、改性沥青、渗透结晶、水泥基类。

（3）防水砂浆抹面：防水剂、膨胀剂等。

二、防水混凝土施工

（一）防水混凝土抗渗等级

1. 设计抗渗等级：按埋置深度确定（表 8-1），最低不得小于 P6（抗渗压力 0.6MPa）。

防水混凝土抗渗等级的确定　　　　表 8-1

工程埋置深度(m)	<10	10～20	20～30	≥30
设计抗渗等级	P6	P8	P10	P12

2. 配制试验等级：比设计抗渗等级提高 0.2MPa。

3. 施工检验等级：不得低于设计抗渗等级。

（二）防水混凝土的种类

1. 普通防水混凝土

通过降低水灰比（毛细孔少、细），增加水泥用量和砂率（包裹粗骨料），石子粒径小（减少沉降差）及精细施工提高混凝土的密实性。

2. 外加剂防水混凝土：（减水剂、密实剂、引气剂、防水剂，常用膨胀剂型）。

如：UEA、CEA、HEA 防水剂（10％～12％），FS 防水剂（6％～8％），HEA 等可达 P30～P40，内掺——可替代等量水泥。

膨胀源：水化硫铝酸钙（钙矾石）——$Al_2O_3 \cdot 3CaSO_4 \cdot 32H_2O$；

氢氧化钙——$Ca(OH)_2$，氢氧化镁——$Mg(OH)_2$。

防水机理：补偿收缩，防止化学收缩和干缩裂缝，混凝土密实（限制膨胀率 2/万～4/万，膨胀应力 0.2～0.7MPa）。

（三）对防水混凝土的要求

1. 构造要求

（1）防水混凝土壁厚≥250mm，裂缝宽≤0.2mm 且不贯通；

（2）垫层厚≥100mm，C15 以上；

（3）迎水面钢筋的保护层厚≥50mm；

（4）环境温度≤80℃。

2. 配制要求

（1）材料：

1）胶凝材料——总用量≥320kg/m³；

水泥：宜用硅酸盐水泥或普通硅酸盐水泥（≥260kg/m³）。

2）骨料——中粗砂，含泥量≤3％，砂率35％～40％；

石子粒径≤40mm，含泥量≤1％。

（2）灰砂比：1：（1.5～2.5）。

（3）水胶比：≤0.5。

（4）入泵坍落度：120～160mm。

（5）初凝时间宜为6～8h。

（四）防水薄弱部位处理

1. 混凝土施工缝

宜整体连续浇筑，尽量少留施工缝。

（1）留设位置

1）底板、顶板应连续浇筑。

2）墙体：

① 水平施工缝：

可留在底板表面以上≥300mm 处、顶板以下 150～300mm 的墙身上；

施工缝距孔洞边缘≥300mm。

② 垂直施工缝：

避开水多地段，宜与变形缝结合。

（2）施工缝形式

1）平缝加止水板；

2）平缝加遇水膨胀止水条；

3）平缝外贴防水层（宽度：止水带≥300mm；刷防水涂料400mm；抹防水砂浆 400mm）；

4）平缝后注浆。

（3）留缝及接缝要点

1）位置正确，构造合理；

2）止水板、条接缝严密，固定牢靠（止水板焊接，止水条自粘或加射钉）；

3）原浇混凝土达到 1.2MPa 后方可接缝；

4) 接缝前凿毛、清理（粘固止水条：缓胀性——7d 膨胀率≤最终膨胀率的 60%）；

5) 接缝时：垂直缝先涂刷界面处理剂，及时浇混凝土；

水平缝先垫 30～50mm 厚 1：1 砂浆或刷界面剂，浇混凝土层厚≤500mm，捣实。

6) 浇筑混凝土要及时，层厚≤500mm，振捣密实。

2. 结构变形缝（沉降、伸缩，宽度 20～30mm）

(1) 构造形式和材料做法

1) 加止水带（中埋式、外贴式、可卸式、复合式）。

2) 构造：据结构变形情况、水压大小、防水等级确定。

(2) 变形缝的施工要点

1) 止水带安装：

① 位置准确、固定牢固；

② 接头在水压小的平面处，宜焊接连接（用加热未硫化橡胶粉），不得叠接；

③ 转弯处半径≥200mm，可卸式底部坐浆 5mm 或涂刷胶粘剂。

2) 混凝土施工：

① 止水带两侧不得粗骨料集中，牢固结合；

② 平面止水带下浇筑密实，排除空气；

③ 振捣棒不得触动止水带。

3. 后浇带

是大面积混凝土结构的刚性接缝，用于不允许留柔性变形缝且后期变形趋于稳定的结构。

(1) 留设形式与要求：要求钢筋不断，边缘密实，断口垂直（见演示图）。

(2) 补缝施工要点：

1) 补缝时间：①沉降后浇带需待沉降趋于稳定；

②温度后浇带需间隔≥2 周；

③在气温较低时补浇。

2) 施工要点：

① 接口处凿毛、湿润，除锈，清理干净；

② 做结合层后，浇强度提高一级的微膨胀混凝土（水养护 14d 的膨胀率≥0.015%，膨胀剂掺量≤胶凝材料的 12%）；

③ 振捣密实；

④ 4～8h 后养护，≥2 周。

4. 穿墙管道（见演示图）

（1）固定管：1）外焊止水钢板；

2）粘贴遇水膨胀橡胶圈。

（2）预埋焊有止水环的套管：

1）穿管临时固定后，外侧填塞油麻丝等填缝材料，用防水密封膏等嵌缝；

2）里侧填入两个橡胶圈，并用带法兰的短管挤紧，螺栓固定。

5. 穿墙螺栓

防水混凝土墙体支模时尽量不用穿墙对拉螺栓，否则采取止水措施。

（1）止水方法：焊接方形钢板止水环（连续满焊）；

（2）封头处理：拆模后，螺栓周围剔出（或预留）凹坑（20～50mm 深），割除穿墙螺栓头（或旋出工具式螺栓及圆台形螺母），坑内封堵 1：2 膨胀砂浆，硬化后迎水面刷防水涂料。

（五）防水混凝土施工要求

1. 做好施工准备

（1）编制施工方案：

1）浇筑顺序：底板→底层墙体→底层顶板→墙体等。

2）浇筑方案：底板——分区段分层；

墙体——水平分层交圈。

3）每小时浇筑量，机械道路布置，人员安排，应急措施。

（2）混凝土试配：保证强度、抗渗等级及施工和易性。

（3）做好薄弱部位的处理。

（4）做好排降水工作：地下水位低于施工底面≥500mm，雨水不流入基坑。

（5）人员分工与技术交底。

2. 施工要点

（1）模板：强度、刚度高，表面平整，吸水性小，支撑牢固，安装严密，清理干净。

（2）钢筋：保护层用垫块同混凝土；支架、S钩、连接点、设备管件均不得接触模板或垫层。

（3）混凝土搅拌：配料准确（水泥、水、外加剂、掺合料≤±1%，砂石≤±2%）；

搅拌均匀，≥2min，有外加剂时应按其要求加入、拌制。

（4）混凝土运输：防止分层离析和坍落度损失；

气温高、运距大时可掺入缓凝型减水剂。

（5）混凝土浇筑：

1）做好浇筑前准备：检查钢筋、模板、埋件，薄弱部位处理。

2）自由下落高度≤1.5m，墙体直接浇筑高度≤3m，否则用串筒、溜管。

3）钢筋、管道密集处，用同强度等级细石混凝土。

4）分层浇捣，每层厚≤300～400mm，上下层间隔≤1.5h且不初凝。

5）墙体底部先垫浆，往上逐渐减少坍落度，顶面撒石子压入。

6）振捣密实，不漏振，不欠振，不过振，插入下层50～100mm。

（6）养护与拆模：

1）混凝土终凝（浇后4～6h）后开始养护，≥14d，避免早期脱水；

2）冬施入模温度≥5℃，不宜蒸汽加热养护；

3）拆模不宜过早，防止开裂和损坏。

（六）抗渗性能评定

1．留试块（1）连续浇筑混凝土每500m³留一组，每项工程≥两组；

（2）每组六块（ϕ175～185×150mm圆台体）。

2．标养

抗渗等级应达到试验等级，最低不低于设计等级。

三、卷材防水层施工

（一）施工准备

1．材料准备

（1）按设计要求的品种、规格、性能购置；

（2）进场应检查外观质量、合格证、检测报告，并取样复检。

2．机具

喷灯、压辊、搅拌器、刷子等。

3．基层处理

（1）对基层的要求

平整、牢固、清洁、干燥。

（2）处理方法

1）抹水泥砂浆

① 可掺UEA等膨胀剂（10%～12%）以防裂，掺无机铝盐防水剂（5%～10%）求快干；

② 角部抹成圆弧，油毡防水 $R \geqslant 50\text{mm}$，其他 $\geqslant 20\text{mm}$ 以防折断。

2）养护、干燥

① 养护，防裂；

② 再干燥至含水率 $\leqslant 9\%$（测试：$1\text{m} \times 1\text{m}$ 卷材，$3 \sim 4\text{h}$，无水印）。否则使用湿固型胶粘剂或潮湿界面隔离剂。

3）喷刷基层处理剂

① 基层处理剂与卷材及胶粘剂的材性相容（SBS 改性沥青涂料；聚氨酯底胶等）；

② 喷、涂均匀不漏底。

(二) 施工方法

1. 施工顺序与构造要求

(1) 外贴法：墙体结构→防水（先底后立面）→保护；

　　　　特点：结构及防水层质量易检查；肥槽宽，工期长；常用。

(2) 内贴法：垫层、保护墙→防水层（先立面后平面）→底板及结构墙；

　　　　特点：槽宽小，省模板；损坏无法检查，可靠性差，内侧模板不好固定；

　　　　用于：场地小，无法使用外贴法的情况下。

(3) 构造要求：

1）不同材料、不同防水等级，层数、厚度不同；

2）合成高分子卷材：单层厚 $\geqslant 1.5\text{mm}$，两层厚 $\geqslant 1.2\text{mm} + 1.2\text{mm}$；搭接宽度：$\geqslant 100\text{mm}$；

3）改性沥青防水卷材：单层厚 $\geqslant 4\text{mm}$，两层厚 $\geqslant 4\text{mm} + 3\text{mm}$；

　　　　　　搭接宽度：平面 $\geqslant 100\text{mm}$，立面 $\geqslant 150\text{mm}$。

4）上下层错缝 $1/3 \sim 1/2$ 幅宽。

2. 防水层施工

(1) 施工流程与工艺顺序：

1）流程：基面处理→涂布基层处理剂→细部增强→铺第一层卷材→（铺第二层卷材）→接缝处理→保护层。

2）顺序：内贴法——先铺立面后铺平面，先转角后大面；

　　　　外贴法——先铺平面后铺立面，交接处交叉搭接。

(2) 粘贴方法：

1）高聚物改性沥青卷材铺贴（施工温度 $\geqslant 10\text{℃}$）：

① 热熔法——喷灯熔化、铺贴排气、滚压粘实、接头检查

（施工温度≥－10℃）；

　　② 冷粘法——选胶合理、涂胶均匀、排气压实、接头另粘（施工温度≥5℃）；

　　③ 自粘法——边揭纸边开卷、按线搭接、排气压实、低温时加热（施工温度≥5℃）。

　　2）合成高分子卷材铺贴（施工温度≥5℃）：

　　冷粘法——选胶与卷材配套；

　　① 基层、卷材涂胶均匀；

　　② 晾胶至不粘手后粘贴、压辊排气、包胶铁辊压实；

　　③ 接缝口用相容的密封材料封严，宽度≥10mm。

　　3. 保护层施工

　　（1）平面：浇细石混凝土≥50mm厚；

　　（2）立面：

　　1）内贴法——洒胶浆、抹20mm厚1：2.5水泥砂浆（硬保护）；

　　　　　　　或贴5～6mm厚聚氯乙烯泡沫塑料片材（软保护）。

　　2）外贴法——砌砖墙、灌砂浆或贴片材（硬保护）；

　　　　　　　贴聚苯乙烯挤塑板或泡沫板（软保护）。

四、防水涂膜施工

　　1. 常用涂料

　　（1）聚氨酯防水涂料（涂膜延伸率350％，表干4h）；

　　（2）硅橡胶防水涂料（涂膜延伸率700％，表干0.8h）。

　　2. 施工准备

　　材料准备；基层处理同前；施工温度≥5℃。

　　3. 施工方法

　　（1）内、外涂法的顺序同卷材内、外贴法；

　　（2）工艺顺序、保护层做法同卷材。

　　4. 施工要点：（以聚氨酯涂料为例）

　　（1）按说明书称量配料，搅拌均匀；

　　（2）立面滚涂4～8遍，平面刮涂2～4遍，前度干燥不粘手脚后涂后遍；

　　（3）成膜厚度符合设计要求（一般1.5mm左右，针测法或割取20mm×20mm块卡尺检测）。

五、水泥基渗透结晶型防水材料（如：XYPEX 赛柏斯）

　　1. 防水机理

　　借助渗透作用，催化混凝土内的微粒和未完全水化的成分再次发生水化作用，形成不溶于水的结晶，起到堵塞作用。

2. 施工方法

按料水比例调成灰浆，涂刷在混凝土基面上。

六、膨润土毯防水层施工

1. 防水机理

与水接触后逐渐发生水化膨胀，在一定的限制条件下，形成渗透性极低的凝胶体。

2. 特点

不透水性、耐久性、耐腐蚀性和耐菌性良好。

3. 施工工艺流程

基面处理→加强层设置→铺防水毯（或挂防水板）→搭接缝封闭→甩头收边、保护→破损部位修补。

4. 基层及细部处理

（1）基层：混凝土强度≥C15，水泥砂浆强度≥M7.5。平整、坚实、清洁、无水；

（2）阴、阳角：做成直径不小于30mm的圆弧或坡角；

（3）变形缝、后浇带：应设置宽度不小于500mm的加强层（在防水层与结构间）；

（4）穿墙管件：宜采用膨润土橡胶止水条、膨润土密封膏或膨润土粉进行加强处理。

5. 施工要点

（1）织布面应与结构外表面密贴。立面应上层压下层，贴合紧密，平整无褶皱。

（2）连接处去掉临时保护膜，涂抹膨润土密封膏或撒膨润土颗粒进行封闭。搭接宽度应大于100mm。

（3）固定：立面和斜面用水泥钉加垫片，间距≤500mm。平面上应在搭接缝处固定；永久收口部位用收口压条和水泥钉固定，并用膨润土密封膏覆盖。

（4）对需长时间甩槎的部位应遮挡，避免阳光直射造成老化变脆。

（5）穿墙管道处应设置附加层，并用膨润土密封膏封严。

第三节 屋 面 防 水

一、概述

1. 平屋面的构造及分类

（1）构造：结构层→（找平、隔汽层）→找坡层→保温层→找平层→防水层（基层处理、粘结、卷材）→保护层。

(2) 分类（按防水层材料分）：

1) 卷材屋面：①沥青类——高聚物改性沥青油毡（冷粘法或热熔法）。

②橡胶——三元乙丙（延伸率450%，50年，冷粘法）。

③塑料——氯乙烯丙纶（聚合物水泥砂浆粘贴），聚氯乙烯。

2) 涂膜屋面（一般不准单独用）：

① 高聚物改性沥青防水涂料（厚度不小于3mm）；

② 高分子防水涂料（多道设防单层≥1.5mm厚；一道设防单层≥2mm厚）。

2. 找平层施工

(1) 材料

1) 1：2.5 水泥砂浆 15～25mm 厚（用于基层为现浇或整体保温层）；

2) C20 细石混凝土 30～35mm 厚（用于基层为预制板或板状保温层）。

(2) 要求

1) 设置分格缝，间距≤6m 缝隙嵌填密封材料；

2) 坡度满足要求（屋面宜为2%，天沟纵向坡度≥1%）；

3) 转角做成半径 ≥20（高分子卷材）≥50（改性沥青卷材）的圆角；

4) 压光≮2 次，充分养护；

5) 表面平整（≤5mm/2m），无裂缝、不起皮起砂，不酥松空鼓。

二、卷材防水层施工：

1. 施工条件及准备工作

(1) 屋面上其他工程全完；

(2) 气温≥5℃（胶粘剂法）、≥-10℃（热熔法），无风霜雨雪；

(3) 找平层充分干燥（干铺1m² 卷材，3～4h 检查无水印），基层处理剂刚刚干燥；

(4) 准备好各种工具（加热、运输、刷油、清扫、压实等）；

(5) 做好安全、防火工作（灭火器、防护栏杆等）。

2. 卷材铺贴顺序

（1）高低跨——先高后低（便于施工）；

（2）多跨——先远后近（利于成品保护）；

（3）一个屋面上——先排水集中部位增强（水落口、檐沟、天沟、管根等），再按标高由低到高（顺水搭接）。

3. 铺贴方向

檐沟、天沟，顺沟方向铺贴，以减少搭接；

卷材宜平行于层脊铺贴，禁止交叉铺贴；

屋面坡度＞25％时，应采取满粘和钉压固定措施。

4. 搭接错缝要求

（1）搭接长度

改性沥青卷材 ——≮80mm（局粘 100mm）；

合成高分子卷材：胶粘 ——≮80mm（局粘 100mm），

胶粘带粘贴——≮50mm（局粘 60mm）。

（2）错缝要求

上下层长边接缝，错开≮1/3 幅宽；相邻短连接缝，错开≮500mm。

5. 铺贴方法

（1）满粘法：卷材下满涂胶粘剂或全部热熔粘结；

（2）局部粘结法（南方或找平层不干常用，避免起鼓）：

1）条粘点粘：第一层卷材下条粘、点粘，其他层次满粘；

2）空铺法：第一层仅边角下粘贴（宽≥500mm），其他层次满粘；

3）屋脊设排气槽、出气孔，构成排汽屋面。

6. 粘结方法

（1）热熔法——SBS、APP 等高聚物改性沥青防水卷材；

（2）自粘法——改性沥青冷自粘卷材（封口宽度≥10mm）；

（3）冷粘法——改性沥青油毡、高分子合成卷材（封口宽度≥10mm）。

7. 保护层施工（铺贴后、检查合格后立即进行）

（1）作用：减少阳光辐射 减轻雹、雨冲击冲刷 避免人为荷载损坏｝提高防水层寿命；

（2）做法：粘结细砂或石屑，自带保护层，喷刷浅色涂料（着色剂）；

铺挂砂浆或细石混凝土；铺块材。

8. 施工要求与检验

（1）要求：1）粘结牢固，摊铺平直；

2）排净空气，防止空鼓；

3）缝口封严，不得翘边；

4）认真检验，加强保护；

5）不得渗漏，没有积水。

（2）检验：1）雨后或淋水、蓄水检验；

2）保修期 5 年。

第九章 装饰装修工程

第一节 概 述

一、任务
采用装饰装修材料或饰物，对建筑物的内外表面及空间进行各种处理。

二、内容
主要包括：

抹灰工程、门窗工程、地面工程、吊顶工程、轻质隔墙工程、饰面板（砖）工程、幕墙工程、涂饰工程、裱糊与软包工程、细部工程等共 10 个子分部工程。

三、作用
1. 保护结构，增强耐久性（防潮，防侵蚀、污染、火灾等）；
2. 完善功能，满足使用要求（调节温、湿、光、声，防御灰尘、射线，清洁卫生）；
3. 美化建筑，体现艺术性（产生艺术效果，美化环境）；
4. 协调建筑结构与设备之间的关系。

四、施工的特点
1. 工期长（一般占总工期 30%～40%，高级 50%以上）；
2. 手工作业量大（一般多于结构用工）；
3. 材料贵、造价高（一般占 30%，高者 50%以上）；
4. 质量要求高（功能；色彩、线形、质感等外观效果；群众性强）。

五、发展途径
1. 发展和采用新型装饰材料，以干作业代替湿作业；
2. 提高工业化程度，施行专业化生产和施工；
3. 实行机械化作业。

第二节 抹 灰 工 程

一、概述
1. 墙面抹灰层的组成

底层——粘结层，砂浆应与基层相适应，厚5～7mm；

中层——找平层，厚5～12mm；

面层——装饰层，厚2～5mm。

2. 抹灰的分类

(1) 按面层的材料及做法分：

1) 一般抹灰——石灰砂浆、水泥砂浆、混合砂浆、麻刀灰、纸筋灰等；

2) 装饰抹灰——水刷石、水磨石、干粘石、斩假石、拉毛灰、喷涂、弹涂、仿石等；

3) 特种抹灰——保温、防水、耐酸等。

(2) 一般抹灰按建筑物的标准和质量要求分：

1) 普通抹灰（一底、一中、一面，20mm厚）；

2) 高级抹灰（一底、多中、一面，25mm厚）。

注意：总抹灰厚度≤35mm，否则应挂网加强。

(3) 按部位分：

1) 室内：顶棚、墙面、楼地面、踢脚、墙裙、窗台、楼梯等；

2) 室外：压顶、檐口、外墙面、窗台、腰线、阳台、雨篷、勒脚、散水等。

3. 抹灰的材料

(1) 种类：胶结材料、砂石骨料、纤维材料、颜料、化工材料（胶、水玻璃等）。

(2) 要求：1) 石灰——充分熟化，灰膏不冻结、不风化；

2) 水泥、石膏——不过期；

3) 砂、石渣——洁净、坚硬、过筛；

4) 麻刀、纸筋——打乱、浸透、洁净、纤细；

5) 颜料——耐碱、耐光的矿物颜料或无机颜料；

6) 化工材料——符合质量标准（乳胶不过期等）。

(3) 配合比：要求粘结力好、易操作，一般无明确强度要求；常用体积比。

二、墙面一般抹灰的施工

(一) 基层处理

1. 嵌填孔洞、沟槽（一般用1∶3水泥砂浆，门窗框堵缝加麻刀；预制混凝土板勾缝加白灰）；

2. 清理基层表面（灰尘、污垢、油渍、碱膜、铁丝、钢筋头、凸出物等）；

3. 不同材料的墙体交接处，铺钉金属网，每侧搭墙≥100mm；

4. 坚硬、光滑混凝土表面要凿毛或使用界面处理剂；

5. 加气混凝土基体应涂刷胶浆强化表面，或再挂网；

6. 提前1～2d开始浇水湿润（渗入8～10mm）。

（二）施工工艺

基层处理→拉线找方→贴饼（硬后）→冲筋（软筋）→装档（粘结层、找平层）→刮平、抹压（6～7成干）→面层。

（三）施工要求

1. 抹灰前四角找方，横线找平，立线吊直，弹出墙裙、踢脚线、做标志，抹灰最薄处≥7mm；

2. 白灰砂浆墙面的阳角，应用1∶2的水泥砂浆抹护角，高≥2m；

3. 不同墙面基体分别按要求处理；

4. 水泥砂浆面层注意接槎，压光≥两遍，次日洒水养护≥3d；

5. 纸筋灰、麻刀灰抹面时，中层不宜太干，罩面分横、竖两遍，压实赶光；

6. 不得将墙裙、踢脚的水泥砂浆抹在白灰砂浆基层上（先硬后软）；

7. 不漏做滴水线。

三、楼地面抹灰（水泥砂浆）

1. 材料：水泥≥42.5级的普通硅酸盐水泥；砂——洁净的中粗砂；

配比宜≥1∶2（强度≥15MPa），稠度≤3.5cm，拌匀。

2. 施工要点：

（1）清理基层，提前浇水湿润；

（2）贴饼、冲软筋：找平、找坡，间距1.5m；

（3）装档：先刷素水泥浆结合层一道，随铺砂浆随用杠尺按筋刮平压实，木抹子搓平；

（4）用钢抹子压光：分三遍（搓平后压头遍至出浆，初凝压二遍至平实，终凝前压三遍至平光）。出水时，撒1∶1水泥砂子面；过干时，稍洒水并撒1∶1水泥砂子面；

（5）12～24h后，喷刷养护薄膜剂或铺湿锯末洒水养护≥7d。

四、装饰抹灰施工

1. 水刷石（面层）

（1）弹线，安分格条：分格条浸水，用水泥浆粘贴；

（2）抹水泥石渣浆：湿润底层，薄刮素水泥浆，抹水泥石渣浆 8～12mm 厚（高于分格条 1～2mm），水泥石渣浆体积配比 1∶1.25（中八厘）～1.5（小八厘），稠度 5～7cm；

（3）修整：水分稍干，刷水压实 2～3 遍（孔洞压实挤严，石渣大面朝外）；

（4）喷刷：指压无陷痕时，棕刷蘸水刷去表面水泥浆，喷雾器喷水把浆冲掉；

（5）起出分格条，局部修理；

（6）素灰勾缝。

2. 干粘石（二层以上使用，省工、省料；易脱落）

（1）做找平层，隔日粘分格条；

（2）抹粘结层、粘石渣：抹 6mm 厚 1∶2.5 水泥砂浆，随即抹 1mm 厚水泥浆（可掺胶），并甩（喷）石渣，拍平压实，压入 1/2 粒径以上；

（3）初凝前起出分格条，修补、勾缝。

3. 斩假石

（1）做找平层，粘分格条；

（2）抹面层：刮一层水泥浆，随即铺抹 10mm 厚 1∶（2～2.5）水泥石渣石屑浆（石渣粒径 4mm，掺 30％石屑），并用毛刷带水顺设计剁纹方向轻刷一次，洒水养护 3～5d；

（3）弹线：（分格缝周围或边缘留出 15～40mm 不剁）；

（4）斩剁：用剁斧由上往下剁成平行齐直剁纹；

（5）起出分格条，清除残渣，素水泥浆勾缝。

4. 水磨石（楼地面）面层

（1）基层：抹 20mm 厚 1∶3 水泥砂浆，养护 1～2d。

（2）分格：玻璃条——素水泥浆抹八字条固定；铜条——每米 4 眼，穿 22 号铁丝卧牢；

灰条、灰堆高≤0.5 分格条，12h 后浇水养护 2d。

（3）面层：刷水泥浆一道；

铺 1∶（1.5～2.5）水泥石渣浆（稠度 30～35mm），高出分格条 1～2mm，木抹子搓平；

滚子反复滚压至出浆，2h 后再纵横各压一遍，钢抹子抹平；

24h 后洒水养护。

（4）磨光：

1）时间：机磨——养护 2～5d 后，人工磨——养护 1～2d 后；

2）方法与要求：见表 9-1。

现制水磨石磨光方法与要求 表 9-1

遍次	磨块规格	要求	磨后处理
一（粗磨）	60～80 号	石渣外露，见分格条	冲洗，擦同色浆，养护
二（中磨）	100～150 号	表面光滑，不显磨纹	冲洗，擦同色浆，养护
三（细磨）	180～240 号	表面光亮	冲洗，涂草酸
四（磨净）	280 号	出白浆	冲净，晾干，擦净，打蜡

第三节 饰 面 工 程

一、概述

1. 饰面材料

（1）石材饰面板（天然、人造）——大理石、花岗石、水磨石、微晶石等；

（2）金属板——铝合金、不锈钢、镀锌钢板；

（3）陶瓷板、砖——釉面砖、通体砖、玻化砖、锦砖、陶瓷挂板等；

（4）塑料板——聚氯乙烯（PVC）、三氯氰胺、贴面复合、有机玻璃等；

（5）混凝土饰面墙板——正打、反打、饰面预制等；

（6）幕墙饰面——玻璃、石材、金属、木质等。

2. 安装方法

（1）地面——铺贴；

（2）墙面——粘、钉、铆、挂、连等。

3. 砖石饰面的基层处理

（1）粘贴法基层：抹底层砂浆，要求垂直、平整、阴阳角方正；

（2）挂装灌浆基层：（焊接挂装网片）埋铁件；

（3）干挂法基层：（结构层）预埋铁件；

（4）楼地面铺装：固定管线，清理湿润，厨卫防水验收。

4. 砖石饰面的排布定位（不得出现<1/4 的条块）

（1）由中间向四周排布，将非整块留在墙阴角处，或地面圈边处；

（2）不同颜色块材交接处应：墙面在阴角，地面在门下。

5. 砖石块材的准备（挑选、分割、打眼、浸水晾干）

（1）挑选

据花纹、颜色、尺寸不同进行挑选、编号，分别存放，用于不同的部位或房间。

（2）分割

1）石材、地砖——砂轮锯、切割机（云石机）；

2）内墙瓷砖——切割器、玻璃刀、合金钎子；

3）陶瓷锦砖——老虎钳子。

（3）钻孔（墙面花岗石、大理石）

上下顶面的两端钻孔或切口。

（4）浸水晾干

用砂浆铺贴的墙地砖应浸水≥1h、石材洒水，并晾至表干后再用。

二、墙面砖粘贴

（一）内墙釉面砖

1. 抹底灰：6mm 厚 1：3 水泥砂浆打底并划毛（混凝土墙先用掺胶水泥浆拉毛或涂界面处理剂），养护 1～2d。

2. 排砖：从阳角开始，同一墙面宜≤二行（列）非整砖，且在顶、底部或不显眼的阴角处。砖缝宽 1～1.5mm。

3. 弹线：竖线间距 1m 左右，横线在墙裙上口。

4. 贴饼：用混合砂浆和废瓷砖，间距 1.5m，上下靠尺找垂直，横向拉线找平，阳角处两面垂直。

5. 垫底尺：作为向上贴砖的依托。水平，高度准确。

6. 贴瓷砖（打底后 3～4d）：

（1）用 1：0.3：3 混合砂浆或 1：（1.5～2）水泥砂浆涂于砖背，放在垫尺上，轻敲砖面，灰浆挤满，靠尺（或水平尺）找平直；

（2）墙长时，门口及阳角处或长墙每隔 2m 先竖贴一排，再向两侧挂线铺贴。

7. 嵌缝：

宜专用嵌缝材料；用白水泥浆需做好养护。

（二）外墙面砖

1. 选砖

分色、套方。

2. 预排

确定排列方法和砖缝大小。

（1）排砖原则：墙体大面及阳角部位都应是整砖。

（2）排砖形式：

1）横排与竖排；

2）直缝排列与错缝排列；

3）密缝排列（缝宽 1～3mm）与疏缝排列（缝宽 10～20mm）。

3. 弹线、分格

（1）在外墙阳角处将钢丝固定绷紧，作为找准基线。

（2）每隔 1500～2000mm 作标志块，并保证阳角方正。

（3）在找平层上弹出分层水平线和垂直控制线。

（4）按皮数杆弹出水平线。准备分格条（间隔件）。

4. 镶贴要点

（1）自上而下进行，落地式脚手架配合拆除。每步架内可自下而上进行。

（2）用 1∶2 水泥砂浆或掺入≤15％石灰膏的混合砂浆。砖背刮灰厚度一般为 6～10mm。

（3）放分格条（间隔件）后贴上皮，砂浆终凝后取出。

（4）仰面镶贴时，应加临时支撑，隔夜后拆除。

（5）做好排水坡、滴水线处理。

5. 勾缝及表面清理

（1）勾缝分两次：第一次用 1∶1 水泥砂浆，第二次用水泥浆（可掺颜料）。缝的凹入深度 3mm 左右。密缝处用同色水泥浆擦缝。

（2）施工中应随时擦净砖面，避免污染。

（三）锦砖

纸面——陶瓷锦砖。

网布底（无需揭纸）——玻璃、金属等高档锦砖。

纸面锦砖施工工艺顺序：基体处理→排砖→弹线分格→墙面抹水泥砂浆→砖背涂抹粘结浆→粘贴、拍实→刷水润纸→揭纸→拨缝→擦缝、清洗。

三、地面砖及石材铺设

1. 准备：清理基层，浇水湿润，管线固定，块材浸水阴干。

2. 找规矩：弹地面标高线，四边取中挂十字线。

3. 试排块材：

（1）检查排水坡度；

（2）检查板块间隙（石材≤2mm，地砖、水磨石≤3mm）。

4. 铺设：

顺序：由中间开始十字铺设，再向各角延伸，小房间从里向外。

（1）基层或垫层上扫水泥浆结合层；

（2）铺 10～30mm 厚 1∶2～3 干硬性水泥砂浆（比石材宽 20～30mm，长≤1m）；

（3）试铺板材，锤平压实，对缝，合格后搬开，检查砂浆表面是否平实（反复进行）；

（4）板材背后刮 2～3mm 厚的水泥浆，正式铺板材，锤平（水平尺检测）；浅色石材用白水泥浆及白水泥砂浆。

5. 养护与灌缝：

24h 后洒水养护 3d（不得走人、车），检查无空鼓后用 1∶1 细砂浆灌缝至 2/3 高度，再用同色浆擦严。表面擦净，3d 内禁上人。养护，保护。

6. 踢脚镶贴：（1）先两端，再挂线安中间；

　　　　　　　（2）方法：粘贴法、灌浆法。

四、墙面石材

（一）较大石材（≥400mm）

1. 湿作业法（亦称湿挂法或挂装灌浆法）

（1）先在结构表面固定 ϕ6 筋骨架（预埋件、或膨胀螺栓、或顶模箍筋焊接）；

（2）拉线、垫底尺，从阳角处或中间开始绑扎安装板块，离墙 20mm；

（3）找垂直后，四周用石膏临时固定（较大者加支撑）；

（4）用纸或石膏堵侧、底缝，板后灌 1∶2.5 水泥砂浆，每层 200～300mm 高，灌浆接缝留在板顶下 50～100mm 处（白色石材用白水泥）；

（5）次日，剔掉石膏块，清理后安第二行。

2. 干挂法（用不锈钢件或镀锌件）

工艺流程：

墙面修整→墙面刷防水涂料→弹线→墙面打孔→固定连接件→安装板块→调整固定→……→顶部板安装→嵌缝→清理。

（二）较小石材

粘贴（用水泥浆、聚合物水泥砂浆或胶粘剂）。施工工艺基本同釉面砖。

五、建筑幕墙安装

1. 幕墙组成

骨架结构＋幕墙构件。

2. 种类

玻璃幕墙——明框、隐框、半隐、全玻璃、挂架式、单元式；

金属幕墙、石材幕墙、木质幕墙、组合式幕墙——骨架隐蔽。

3. 安装工艺流程（有框者）

放线→框架立柱安装→框架横梁安装→幕墙构件安装→嵌缝及节点处理。

第四节 门窗与吊顶工程

一、门窗安装工程

（一）塑料及铝合金门窗的安装

施工工艺顺序（后塞口）：检查洞口尺寸、抹底灰→框上安装连接铁件→立樘子、校正→连接铁件与墙体固定→框边填塞弹性闭孔材料→做洞口饰面面层→注密封膏→安装玻璃→安装五金件→清理→撕下保护膜。

施工条件：内外墙体湿作业完工且硬化（有副框者，副框可在湿作业前安装）。

1. 施工准备

（1）核对门窗的型号、规格。拆除包装，但不撕保护膜。

（2）洞口的检查、处理：

1）结构留洞尺寸应比窗框大

① 清水墙为 10mm；一般抹灰或锦砖墙面为 15～20mm；

② 贴面砖为 20～25mm；石材墙面为 40～50mm。

2）洞口周边抹 3～5mm 厚 1：3 水泥砂浆，搓平、划毛。

（3）弹门窗安装线：外窗弹横向一平、上下对正、里外位置线。

2. 安装要点（无副框者）

（1）安装连接件

材料：厚≥1.5mm、宽度≥15mm 的镀锌钢板。

固定点位置：距角、中框 150～200mm；

中距≤600mm。

安装方法：钻 ϕ3.2 孔，拧入 ϕ4×15mm 自攻螺。

（2）立框与固定

1）按线就位，用对拔木楔临时固定，校正。

2）最后固定：

混凝土墙——射钉或膨胀螺栓；

砖墙——胀管螺钉或水泥钉，每个连接件≥2钉，避开砖缝（多孔砖宜埋混凝土块）；

预埋木砖——2只木螺钉将连接件紧固在木砖上。

注意：固定点距结构边缘均不得小于50mm。

（3）填缝

洞口面层施工前，撤去木楔，填满泡沫塑料等闭孔弹性材料。

保温、隔声窗：抹灰面应包括部分窗框，在缝隙内挤入嵌缝膏。

（4）安装五金件

先在框上钻孔，再拧入自攻钉或螺钉。严禁锤击钉入。

（5）安装玻璃

玻璃不得与槽壁直接接触。

下部垫承重垫块（位置靠近扇的承重点）；其他部位粘定位垫块（聚氯乙烯胶）。

（二）钢质防火门的安装

1. 施工工艺顺序

弹线→立框→临时固定、找正→固定门框→门框填缝→安装门扇→五金安装→检查清理。

2. 施工要点

与预埋铁件或钻孔安装 ϕ12 膨胀螺栓连接；

门框周边缝隙，用 1：2 水泥砂浆嵌塞牢固，应保证与墙体粘结成整体。

二、吊顶工程

种类：活动式、隐闭式、开敞式。

1. 施工条件

顶棚内的通风、空调、消防、电器线路等管线及设备已安装完毕。

2. 施工工艺顺序

弹线→固定吊杆→安装大龙骨→按水平标高线调整大龙骨→大龙骨底部弹线→安装中、小龙骨→固定边龙骨→安装横撑龙骨→安装罩面板。

3. 施工注意问题

（1）龙骨及罩面板在运输、储存及安装过程中应做好保护，防止变形、污损、划痕。

（2）龙骨不得悬吊在设备、管线上。较大灯具处应做加强龙骨，重型灯具及吊扇等应单独悬挂。

（3）埋件、钢吊杆等应有防腐层；木制须防火处理。

（4）罩面板需在吊顶内的管线及设备调试及验收完成，且龙骨安装完毕并通过隐检验收后进行。

第五节 涂饰与裱糊工程

一、涂饰工程

（一）施工条件

1. 基体——清理，修补，干燥（含水率：木材面≤12％；混凝土、砂浆：溶剂型涂料≤8％，用乳液型≤10％），消解（抹灰面≥14d，混凝土≥30d）。

2. 其他工程全完。

3. 环境：清洁无灰尘，温度≥10℃，湿度≤60％（大风雨雾不宜室外施工）。

（二）涂饰施工

1. 基体处理

（1）表面清理干净；

（2）处理要求：

1）混凝土或抹灰面——涂刷抗碱封闭底漆（新）或涂刷界面剂（旧）。

2）石膏板表面——嵌缝及粘纱布带、钉帽涂防锈漆两道，腻子修平。

3）木料表面——石膏腻子修补缺陷、打底、砂纸磨光。

4）金属表面——表面干燥，刷防锈漆。

2. 刮腻子与磨平

（1）腻子的种类（取决于基体材料、所处环境、涂料种类）：

1）室外墙面——水泥类腻子；

2）室内的厨房、卫生间墙面——耐水腻子；

3）木材表面——石膏类腻子；

4）金属表面——专用金属面腻子。

（2）要求：刮腻子、打砂纸，一般2～3遍，总厚度一般不得超过5mm。

3. 涂饰方法与要求

（1）涂饰方法

刷、滚、喷、刮、弹、抹。

1）刷涂

① 特点：简单方便、适应性广、不易污染；但费工费力。

② 要点：先左后右、先上后下、先难后易、先边后面。

2）滚涂

① 特点：简单方便、工效高、质量好、不污染环境，适于大面。

② 要点：蘸料均匀、开始轻慢、厚薄均匀、不流不漏。

3）喷涂

① 特点：厚度均匀、效果好、工效高，适于大面积施工。

② 要点：压力稳定、出口垂直涂面、涂层厚度均匀、色调一致。

4）刮涂：用于地面厚层涂料施工（如自流平）。

5）弹涂：用于墙面厚质涂料、多种颜色分别涂饰。

6）抹涂：用于纤维涂料涂饰。

（2）木质面涂饰

1）分级及主要工序（按质量要求分）：

① 普通——满刮一遍腻子，刷三遍油漆；

② 高级——满刮二遍腻子，刷三～五遍油漆。

2）要求：

① 涂饰时不流坠、不显刷纹；

② 前遍干后涂后遍，每遍不宜过厚，层间结合牢固。

（3）顶、墙涂饰

1）主要工序：

① 室内：

a. 普通——一遍腻子，两遍涂料；

b. 中级——两遍腻子，两遍涂料；

c. 高级——两遍腻子，三遍涂料。

② 外墙：

a. 一般涂料：局部刮腻子→磨平→两遍涂料；

b. 复层涂料：局部刮腻子→磨平→封底涂料→主层涂料→罩面两层。

2）顺序：先上后下，先顶棚后墙面。

3）要求：

① 厚度均匀，不流坠；

② 颜色一致（一个墙面或同一室内用同一批材料，配比相同）；

③ 分段施工的接槎处留在分格缝、墙阴角、水落管处；

④ 防止玷污门窗、玻璃等不涂刷处。

二、裱糊工程

（一）作业条件

（1）除地毯、活动家具及表面饰物外，其他均完。

（2）基体已干燥（含水率：混凝土和抹灰≤8％；木制品≤12％）。

（3）环境温度≥10℃，无穿堂风。

（4）影响裱糊的设备或附件（如插座、开关盒盖等）临时拆除。

（二）施工步骤与要点

工艺顺序：基体处理→刮腻子→涂刷封底涂料→弹线→裁纸→刷胶裱糊→清理修整。

1. 基层处理

（1）基体表面清理干净，钉头刷防锈漆，坑洞用腻子填平，接缝加固；

（2）混凝土或抹灰面应涂刷抗碱封闭底漆；

（3）腻子刮平并磨光，≥2遍；

（4）涂刷封底涂料（常用封闭乳胶漆）。

2. 裱糊要点

（1）壁纸应适当润湿。如纸基纸面壁纸背面刷胶后闷4～8min。

（2）基层及纸背均涂胶（金属壁纸除外）。

（3）从阴角开始，由上而下对缝对花，板刷舒展压实，挤出的胶用棉丝擦净。

（4）接缝距阳角≥20mm，阴角搭接≥3mm。

3. 要求

粘贴牢固、横平竖直、图案吻合、色泽一致；

无气泡、空鼓、翘边、皱折、斑污、胶痕；

正面1.5m处不显拼缝，斜视不见胶痕。

第十章 施工组织概论

❖ 施工组织的任务：根据建筑产品及生产的特点、国家基本建设方针、工程建设程序以及相关技术和方法，对整个施工过程做出计划与安排，使工程施工取得相对最佳的效果。

❖ 研究对象：工程建设的组织安排、系统管理的客观规律。

❖ 研究目的：使工程优质、高速、低耗，取得较好的经济效益和社会效益。

第一节 概　　述

一、土木建筑产品及其生产的特点

1. 产品的固定性与生产的流动性（显著区别于其他工业）

(1) 地点、功能、使用单位固定；

(2) 劳动力、材料、机械在建造地点及高度空间流动。

2. 产品的多样性与生产的单件性

(1) 产品随地区、民俗、功能、地点、设计人等而变化；

(2) 不同产品、地区、季节、施工条件，需不同的施工方法、组织方案。

3. 产品的庞大性与生产的协作性、综合性

(1) 产品高度大、体形大、重量大；

(2) 建设、设计、施工、监理、构件生产、材料供应、运输等协作；

(3) 综合各个专业的人员、机具、设备在不同部位进行立体交叉作业。

4. 产品的复杂性与生产的干扰性

(1) 风格、形体、结构类型、装饰做法等复杂；

(2) 受政策、法规、周围环境、自然条件、安全隐患等因素影响。

5. 产品投资大，生产周期长

占压资金多，需按计划逐步投入；加快工程进度，及早交付使用。

二、基本建设程序

1. 基本建设

指利用国家预算内资金、自筹资金、国内基本建设贷款以及其他专项资金进行的以扩大生产能力或新增工程效益为主要目的的新建、扩建工程及有关工作。

2. 基本建设程序

进行基本建设全过程中的各项工作必须遵循的先后顺序（非人为制定，是通过多年的经验与教训摸索出的规律）。

程序按先后划分为六个阶段：

（1）项目建议书阶段；

（2）可行性研究阶段；

（3）设计文件阶段；

（4）建设准备阶段；

（5）建设实施阶段；

（6）竣工验收阶段。

三、工程施工程序（六个步骤）

1. 承接任务，签订合同

承接任务的方式：下达式、投标式、自动承接式。

2. 全面统筹安排，做好施工规划

调查、收集资料；施工业务组织规划及施工部署；先遣人员进场，做各项准备。

3. 落实施工准备，提出开工报告

准备的内容：技术准备；劳动组织准备；物资准备；场内外准备；季节性施工。

4. 组织施工，加强管理

要求：按施工组织设计进行施工；搞好协调配合；落实承包制，做好经济核算；

严格执行各项技术、质检制度；抓紧工程收尾和竣工。

5. 工程验收，交付使用

一般分：基础、主体结构、装饰及设备安装三个阶段进行；

验收顺序：施工单位内部→甲方（监理）和设计→国家质检部门（签发合格证或备案）。

6. 保修回访，总结经验

在保修期内，回访用户，对质量缺陷进行返修。

方便用户、提高信誉，积累经验。

四、工程项目施工组织原则

1. 认真贯彻国家对工程建设的法规、方针和政策，严格执行建设程序；

2. 遵循建筑施工工艺和技术规律，坚持合理的施工程序和顺序；

3. 采用流水施工方法和网络计划技术组织施工；

4. 科学地安排冬、雨期施工项目，保证全年生产的连续性和均衡性；

5. 贯彻工厂预制和现场预制相结合的方针，提高建筑工业化程度；

6. 充分发挥机械效能，提高机械化程度；

7. 尽量采用国内外先进的施工技术和科学管理方法；

8. 合理地储备物资，尽量减少暂设工程，科学地布置施工现场。

第二节　施工准备工作

一、施工准备工作的重要性与分类

（一）重要性

是施工顺利进行的必要条件和根本保证；

是企业搞好目标管理、推行技术经济承包的重要依据。

（二）分类

1. 按准备工作的范围分

（1）全场性施工准备：以一个建筑工地为对象；

（2）单位工程施工条件准备：以一个建筑物或构筑物为对象。

分部（分项）工程作业条件准备：以一个分部（分项）工程或季节性施工为对象。

2. 按所处施工阶段分

开工前的施工准备；各施工阶段前的施工准备。

二、施工准备工作的内容

（一）技术准备

（1）熟悉与审查图纸；

（2）调查分析原始资料；

（3）编制施工预算；

（4）编制施工组织设计。

（二）物资准备

1. 内容

（1）建筑材料：制定计划、组织货源、签订合同；

（2）构（配）件、制品：制定计划、提出加工预制单；

（3）施工机具：制定计划、购置租赁；

（4）生产工艺设备：制定计划、签订合同。

2. 工作程序

编制需要量计划→组织货源签订合同→确定运输方案和计划→储存保管。

（三）劳动组织准备

（1）建立项目领导机构（指挥部、项目经理部等）；

（2）建立施工队组；

（3）组织劳动力进场；

（4）进行计划与技术交底；

（5）建立、健全各项管理制度。

（四）施工现场准备

（1）测量控制网（平面、高程）；

（2）"三通一平"（场地、水、电、路）；

（3）补充勘探；

（4）搭建临时设施；

（5）组织施工机具进场、组装、保养、试车；

（6）组织材料、构件、制品的进场、存放；

（7）提出材料的试验申请；

（8）新技术项目的试制、试验和人员培训；

（9）冬、雨期施工的临时设施和措施准备。

（五）施工场外准备

（1）材料及设备的加工、订货；

（2）施工机具租赁、订购；

（3）做好分包工作（选择协作单位，签订分包合同）；

（4）向主管部门提交开工申请报告。

第三节　施工组织设计概述

施工组织设计：是以施工项目为对象编制的，用以指导施工技术、经济和管理的综合性文件。

任务：针对建筑工程的施工任务，将人力、资金、材料、机械和施工方法合理地安排，使之在一定的时间和空间内实现有组织、有计划、有秩序地施工，以期达到安全、优质、高效、环保、低成本的良好效果。

一、施工组织设计的分类

1. 按编制的目的与阶段分为：

（1）投标施工组织设计（标前设计）；

（2）实施性施工组织设计（标后设计）。

两类施工组织设计的区别，见表 10-1。

两类施工组织设计的区别　　　　　　　　表 10-1

类型	服务范围	编制时间	编制者	主要特性	追求的主要目标
投标施工组织设计	投标与签约	经济标书编制前	经营管理层	规划性	中标和经济效益
实施性施工组织设计	施工准备至验收	签约后开工前	项目管理层	作业性	施工效率和效益

2. 按编制对象、作用不同，实施性施工组织设计分为：

（1）施工组织总设计；

（2）单位工程施工组织设计；

（3）施工方案。

不同类型施工组织设计的区别，见表 10-2。

不同种类施工组织设计的区别　　　　　　表 10-2

区别 \ 种类	施工组织总设计	单位工程施工组织设计	施工方案
编制对象	建设项目、群体工程	单位工程或简单的单项工程	重要、复杂、难、新的分部（分项）工程或专项工程
作用	总的战略性部署全面规划，统筹安排编制年度计划的依据	具体规划安排指导施工全过程编制月旬计划的依据	指导施工及操作编制旬周作业计划的依据
编制时间	初步设计或技术设计后	开工前	单位施组后或同时，施工前
编制人	总承建单位为主，建设、设计、分包单位参加	施工单位	专业施工单位（或分包单位）

二、施工组织设计的作用

1. 投标施工组织设计（标前设计）：

（1）指导投标报价和签订工程合同；

（2）反映企业综合实力、实现中标、提高市场竞争力。

2. 实施性施工组织设计（标后设计）：

（1）保证施工准备的完成；

（2）指导施工全过程；

（3）协调施工中的各种关系；

（4）进行生产管理、计划编制的依据。

三、施工组织设计的主要内容

1. 工程概况；

2. 施工部署及施工方案；

3. 施工进度计划；

4. 施工现场平面布置；

5. 主要施工管理计划。

四、施工组织设计的编制与审批

（一）投标施工组织设计的编制

对能否中标具有重要意义。编制要求：

1. 积极响应招标书的要求，明确提出对工程质量和工期的承诺以及实现承诺的方法和措施；

2. 施工方案要先进、合理，针对性、可行性强；

3. 进度计划和保证措施要合理可靠，质量措施和安全措施要严谨、有针对性；

4. 主要劳动力、材料、机具设备计划应合理；

5. 项目主要管理人员的资历和数量要满足施工需要，管理手段、经验和声誉状况等要适度表现。

（二）实施性施工组织设计的编制

1. 编制方法

（1）总包和分包工程：总包编制施组设计，分包编制所分包工程的施组设计。

（2）确定主持人和编制人，召开交底会，明确设计要求和施工条件。讨论、拟定主要部署，形成初步方案。

（3）对构造复杂、施工难度大以及采用新工艺和新技术的工程项目，要进行专业性的研究。

（4）要充分发挥各专业、各职能部门的作用，合理地进行交叉配合的程序设计。

（5）经反复讨论、修改后，形成正式文件，送主管部门审批。

2. 编制要求

（1）方案先进、可靠、合理，针对性强。

（2）内容繁简适度，突出重点，抓住关键。

（3）留有余地，利于调整。

（三）施工组织设计实施前的审批

1. 施工组织总设计：总承包单位技术负责人审批，总监理工程师审查；

2. 单位工程施组设计：承包单位技术负责人审批，总监理工程师审查；

3. 施工方案：项目技术负责人审批，监理工程师审查；

4. 安全专项施工方案（基坑支护、降水、开挖、模板、起重吊装、脚手架拆除、爆破、幕墙安装、预应力张拉、隧道、桥梁）：承包单位的专业技术人员及专业监理工程师进行审核、承包单位技术负责人和总监理工程师签字。其中：深基坑、地下暗挖、高大模板、30m 及以上高空作业、深水作业、爆破工程等，承包单位还应在审签前组织不少于 5 人的专家组论证审查。

五、施工组织设计的贯彻、检查与调整

1. 开工前熟悉、掌握，逐级交底、提出措施；

2. 建立和完善各项管理制度、明确职责范围；

3. 加强动态管理，及时处理和解决突发事件和主要矛盾；

4. 经常检查执行情况，必要时进行调整和补充。

第十一章　流水施工法

第一节　流水施工的基本概念

一、组织施工的三种形式

【例1】　有四栋房屋的基础，其每栋的施工过程及工程量等见表11-1。

某工程一栋房屋基础施工的有关参数　表 11-1

施工过程	工程量	产量定额	劳动量	班组人数	延续时间	工种
基础挖土	210m³	7m³/工日	30 工日	30	1	普工
浇混凝土垫层	30m³	1.5m³/工日	20 工日	20	1	混凝土工
砌筑砖基	40m³	1m³/工日	40 工日	40	1	瓦工
回填土	140m³	7m³/工日	20 工日	20	1	灰土工

1. 依次施工（顺序施工）

一栋栋地进行，组织形式见图11-1。

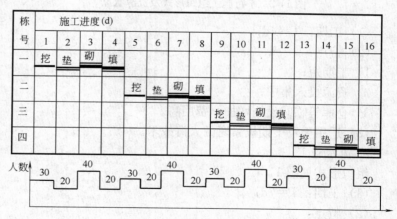

图 11-1　依次施工组织形式及资源状况

（1）工期：

$$T = 4 \times 4 = 16\text{d}$$

（2）特点：

1）劳动力、材料、机具投入量小；

2）专业工作队不能连续施工（宜采用混合队作业）。

（3）适用于：

场地小、资源供应不足、工期不紧时，组织大包队施工。

2. 平行施工（各队同时进行）

组织形式见图 11-2。

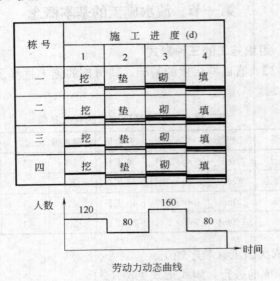

栋 号	施 工 进 度 (d)			
	1	2	3	4
一	挖	垫	砌	填
二	挖	垫	砌	填
三	挖	垫	砌	填
四	挖	垫	砌	填

劳动力动态曲线

图 11-2 平行施工组织形式及资源状况

（1）工期：$T=4d$；

（2）特点：

1）工期短；

2）资源投入集中；

3）仓库等临时设施增加，费用高。

（3）适用于：工期极紧时的人海战术。

3. 流水施工

组织形式见图 11-3。

（1）工期：$T=7d$；

（2）特点：

1）工期较短；

2）资源投入较均匀（正常情况下，每天供应一栋的材料、机具、劳动力等）；

3）各工作队连续作业；

4）能均衡地生产。

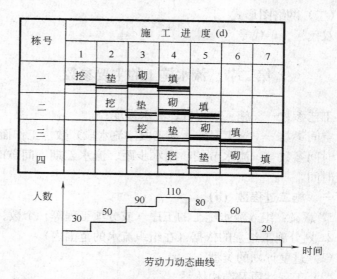

劳动力动态曲线

图 11-3 流水施工组织形式及资源状况

（3）流水施工的实质：充分利用时间和空间，实现连续、均衡地生产。

二、组织流水施工的优点

1. 施工质量及劳动生产率高（劳动生产率提高 30%～50%，专业化施工）；

2. 降低工程成本（6%～12%，资源均衡、避免高峰、利于供应、减少暂设）；

3. 缩短工期（比依次施工短 30%～50%，消除了施工间歇）；

4. 施工机械和劳动力能得到合理、充分地利用；

5. 综合效益好。

三、组织建筑施工流水作业的步骤

1. 将建筑物在平面或结构空间上划分为若干个劳动量大致相等的流水段（假定产品）；

2. 将整个工程按施工阶段划分成若干个施工过程，并组织相应的施工队组；

3. 确定各施工队组在各段上的工作延续时间；

4. 组织每个队组按一定的施工顺序，依次连续地在各段上完成自己的工作；

5. 组织各工作队组同时在不同的空间进行平行作业。

四、流水施工的表达方式

(一) 图表形式

横道图（水平图表）、垂直图表。

（二）网络图形式

双代号、单代号。

第二节　流水施工的主要参数

工艺参数——施工过程数、流水强度；

空间参数——施工层数、施工段（流水段）数、工作面；

时间参数——流水节拍、流水步距、流水工期、间歇时间、搭接时间。

一、施工过程数（n）

1. 意义：组入流水施工的工序（或分项工程等）个数。

2. 划分施工过程的依据（在组织流水的范围内）

（1）进度计划的类型；

（2）工程性质及结构体系；

（3）施工方案；

（4）班组形式；

（5）工作内容占时间否。

3. 注意问题：

组入流水的施工过程个数不宜过多。要以主导施工过程为主；较小的、次要的施工过程宜穿插作业，不参与流水，以便于流水的组织成功。

二、施工段数（流水段数）（m）

1. 定义

在每个施工层内，用于流水作业的空间（或假定产品）的个数。

2. 分段目的

使参加流水施工的各工作队组都有自己的工作面，保证不同队组能在各自的工作面上同时施工，以便充分利用空间。

3. 分段原则

（1）各段的劳动量应大致相等；

（2）以主导施工过程数为依据，段数不宜过多；

（3）保证工人有足够的工作面；

（4）要考虑结构的整体性和建筑的外观；

（5）有层间关系，若要保证各队组连续施工，则每层段数 $m \geqslant n$ 或施工队组数。

【例2】 一栋二层砖混结构，主要施工过程为砌墙、安板，（即 $n=2$），分段流水的方案见图 11-4（条件：工作面足够，各方案的人、机数不变)。

方案	施工过程	施工进度 1-16																特点分析
		1	2	3	4	5	6	7	8	9	10	11	12	13	14	15	16	
$m=1$ ($m<n$)	砌墙	一层				瓦工间歇				二层								工期长；工作队间歇。不允许
	安板					一层				吊装间歇				二层				
$m=2$ ($m=n$)	砌墙	一·1		一·2		二·1		二·2										工期较短；工作队连续；工作面不间歇。理想
	安板			一·1		一·2		二·1		二·2								
$m=4$ ($m>n$)	砌墙	一·1		二·1														工期短；工作队连续；工作面间歇（层间）。允许，有时必要
	安板		一·1		二·1													

图 11-4　不同分段方案特点比较

结论：专业队组流水作业时，应使 $m\geqslant n$，才能保证不窝工，工期短。

注意：m 不能过大。否则，材料、人员、机具过于集中，影响效率和效益，易发事故。

三、流水节拍（t）

1. 定义：指某一施工队组在一个流水段上的工作延续时间。

2. 作用：

（1）影响着工期和资源投入：大——工期长，速度慢；

小——资源供应强度大。

（2）决定流水组织方式：相等或有倍数关系——组织节奏流水；

不等也无倍数关系——组织非节奏流水。

3. 确定方法

（1）定额计算法

据现有人员及机械投入能力计算。

某施工过程在 i 段上的流水节拍为

$$t_i = \frac{Q_i}{S_i \cdot R_i \cdot N_i} = \frac{Q_i \cdot H_i}{R_i \cdot N_i} = \frac{P_i}{R_i \cdot N_i}$$

式中　Q_i——某施工过程在 i 段上的工程量；

S_i——某施工过程的产量定额；

R_i——施工队组参与人数（或机械数）；

H_i——某施工过程的时间定额；

P_i——某施工过程在 i 段上的劳动量；

N_i——工作班制。

（2）工期计算法（倒排工期法）

据工期及流水方式的要求定出 t_i，再配备人员或机械。即：

$$t_i = \frac{T_i}{j \cdot m_i}$$

式中　T_i——i 施工过程的总延续时间（据工期推算出来）；

　　　j——施工层数；

　　　m_i——每施工层的流水段数。

（3）三时估计法

用于无定额或干扰因素多、难以确定的施工过程。

先估计出最短（悲观，a）、最可能（客观，b）、最长（乐观，c）三种时间，再取其加权平均值，即　$t_i = \frac{a_i + 4b_i + c_i}{6}$。

4. 确定节拍值要考虑的几个要点

（1）施工队组人数要满足该施工过程的劳动组合要求；

（2）工作面大小；

（3）机械台班产量复核（人、机配套）；

（4）各种材料的储存及供应；

（5）施工技术及工艺要求；

（6）尽量取整数。

四、流水步距（k）

1. 定义：相邻两个施工队组投入工作的合理时间间隔。

2. 作用：

影响工期（大则工期长，小则工期短）；

专业队组连续施工的需要；

保证每段施工作业程序不紊乱。

3. 安排时需考虑：

（1）施工面允许否；

（2）有无工作队连续要求；

（3）与节拍的关系。

五、流水工期（T_p）

自参与流水的第一个队组投入工作开始，至最后一个队组撤出为止的全部时间。

六、间歇时间（Z）

根据工艺、技术要求或组织安排，留出的等待时间。

按间歇的性质分为技术间歇和组织间歇；按间歇的部位分为施工过程间歇和层间间歇。

1. 技术间歇（S）

由于材料性质或施工工艺要求，需考虑的合理工艺等待时间。如养护、干燥等。

2. 组织间歇（G）

由于施工技术或施工组织的原因，造成在流水步距以外增加的工序间隔时间。如弹线、人员及机械的转移、检查验收等。

3. 施工过程间歇（Z_1）

在同一个施工层或同一个施工段内，相邻两个施工过程间的技术或组织间歇。

4. 层间间歇（Z_2）

在相邻两个施工层之间，前一施工层的最后一个施工过程与后一个施工层相应施工段上的第一个施工过程之间的技术或组织间歇。

七、搭接时间（C）

为了缩短工期，在工作面允许的前提下，前一个工作队完成部分施工任务后，后一施工队即进入该施工段。两者在同一施工段上平行施工的时间。

第三节　流水施工的组织方法

一、流水施工的分类

1. 按组织流水的范围分

（1）分项工程流水（细部流水）——同一施工过程中各操作顺序间的流水；

（2）分部工程流水（专业流水）——同一分部工程中各施工过程间的流水；

（3）单位工程流水（工程项目流水）——同一单位工程中各分部工程间的流水；

（4）群体工程流水（综合流水）——在多栋建筑物间组织的大流水。

2. 按流水节拍的特征分

（1）节奏流水——固定节拍流水（等节奏）；
　　　　　　　　　　成倍节拍流水（异节奏）；

（2）非节奏流水——分别流水法（无节奏）。

3. 按流水方式分

（1）流水段法（常用于：建筑工程、桥梁工程）；

（2）流水线法（常用于：管线工程、道路工程、隧道工程）。

二、组织流水的基本方法

（一）固定（全等）节拍流水法

1. 条件

各施工过程的节拍全部相等（为一固定值）。

【例3】　某工程有三个施工过程，分为四段施工，节拍均为1周。要求乙施工后，各段均需间隔1周方允许丙施工。组织形式见图11-5。

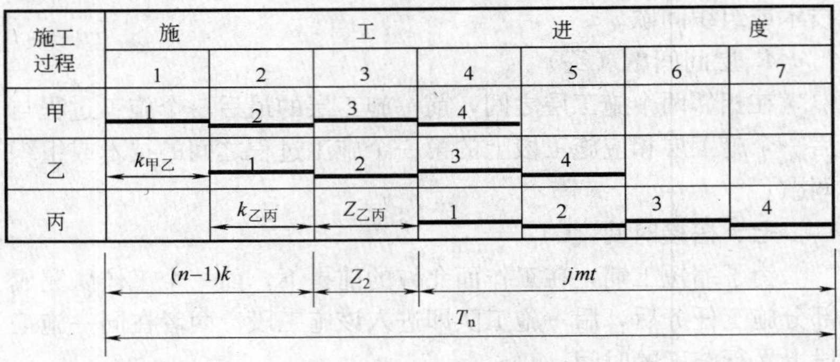

施工过程	施		工		进		度
	1	2	3	4	5	6	7
甲	1	2	3	4			
乙	$k_{甲乙}$	1	2	3	4		
丙		$k_{乙丙}$	$Z_{乙丙}$	1	2	3	4

$(n-1)k$　　Z_2　　jmt

T_n

图 11-5　固定节拍流水形式

2. 组织方法

（1）划分施工过程，组织施工队组

注意：

劳动量小的不单列，合并到相邻的施工过程中去；

各施工队人数合理（符合劳动组合；工作面足够等）。

（2）确定流水段数

若有层间关系时：

无间歇要求——$m=n$（保证各队组均有自己的工作面）；

有间歇要求——$m=n+\dfrac{\sum Z_1}{k}+\dfrac{Z_2}{k}-\dfrac{\sum C}{k}$　　（有小数时只入不舍）；

式中　Z_1——同一层内相邻两施工过程间的间歇时间（技术的、组织的）；

Z_2——层间的间歇时间（技术的、组织的）；

C——同一层内相邻两施工过程间的搭接时间。

（3）确定流水节拍

计算主要施工过程（工程量大、劳动量大、供应紧张）的节拍 t_i：

$$t_i = p_i / R_i$$

令其他施工过程的节拍 t_x 均等于 t_i，再配备人员或机械：

$$R_x = P_x / t_i$$

（4）确定流水步距

$$k=t \quad （等节拍等步距流水）$$

（5）计算流水工期

工期　$T_P=(n-1)k+jmt+\sum Z_1-\sum C$　常取 $k=t$，则：

$$T_P=(jm+n-1)k+\sum Z_1-\sum C$$

式中　$\sum Z_1$——各相邻施工过程间的间歇时间之和；

$\sum C$——各相邻施工过程间的搭接时间之和；

j——施工层数。

（6）画流水进度表（横道图）。

3. 举例

【例4】　某基础工程的数据如表11-2。若每个施工过程的作业人数最多可供应55人，砌砖基后需间歇2d再回填。试组织全等节拍流水。

某基础工程的施工过程与数据　　　　　　　　　　表 11-2

施工过程	工程量（m³）	产量定额（m³/工日）	劳动量（工日）
挖槽	800	5	160
打灰土垫层	280	4	70
砌砖基	240	1.2	200
回填土	420	7	60

【解】

1）确定段数 m：无层间关系，无技术间歇，$m<$、$=$、$>n$均可；

　　本工程考虑其他因素，取 $m=4$，则每段劳动量见表11-3。

2）确定流水节拍 t：

砌砖基劳动量最大，人员供应最紧，为主要施工过程。

$t_砌=P_砌/R_砌=50/55=0.91$，取 $t=1$（d），则 $R_砌=P_砌/t_砌=50/1=50$（人）。

令其他施工过程的节拍均为1，并配备人数：$R_x=P_x/1$，见表11-3。

节拍确定及资源配备　　　　　　　　　　表 11-3

施工过程	每段劳动量（工日）	施工人数（人）	流水节拍(d)
挖槽	40	40	1
打灰土垫层	18	18	1
砌砖基	50	50	1
回填土	15	15	1

3) 确定流水步距 k：取 $k=t=1$。

4) 计算工期 T_p：
$$T_P = (jm+n-1)k + \sum Z_1 - \sum C$$
$$= (1 \times 4+4-1) \times 1 + 2 - 0 = 9(d)。$$

5) 画流水施工进度表，见图 11-6。

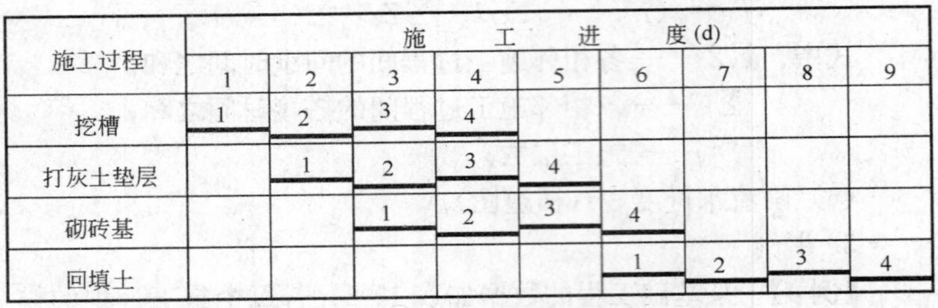

施工过程	施 工 进 度 (d)								
	1	2	3	4	5	6	7	8	9
挖槽	1	2	3	4					
打灰土垫层		1	2	3	4				
砌砖基			1	2	3	4			
回填土						1	2	3	4

图 11-6 某基础工程流水施工进度表

【例 5】 某工程由 A、B、C、D 四个分项组成，各个分项工程均划分为五个施工段，每个施工过程在各个施工段上的流水节拍均为 4d，分项工程 A 完成后，它的相应施工段至少要有组织间歇时间 1d；分项工程 B 完成后，其相应施工段至少要有技术间歇时间 2d，为缩短计划工期，允许分项工程 C 与 D 平行搭接时间为 1d。试编制流水施工方案。

【解】

① 确定流水步距 k：

全等节拍流水，取 $k=t=4$。

② 流水段数 m

已知 $m=5$（段）。

③ 计算流水工期 T：
$$T = (jm+n-1)k + \sum Z_1 - \sum C$$
$$= (1 \times 5+4-1) \times 4 + (1+2) - 1$$
$$= 34(d)。$$

④ 绘制流水施工进度表，见图 11-7。

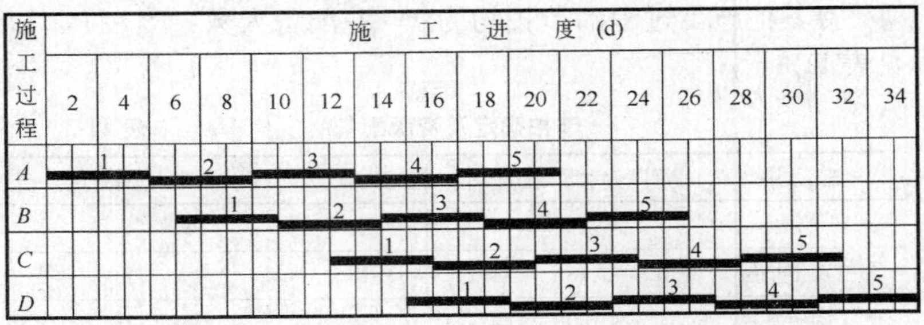

施工过程	施 工 进 度 (d)																
	2	4	6	8	10	12	14	16	18	20	22	24	26	28	30	32	34
A	1		2		3		4		5								
B			1		2		3		4		5						
C					1		2		3		4		5				
D						1		2		3		4		5			

图 11-7 某工程全等节拍流水施工进度表

（二）成倍节拍流水法（异节奏流水）

1. 条件

同一个施工过程的节拍全都相等；各施工过程之间的节拍不等，但为某一常数的倍数。

【例 6】 某混合结构房屋，据技术要求，流水节拍为：砌墙 4d；构造柱及圈梁施工 6d；安板及板缝处理 2d。试组织流水作业。

有五种组织方法，见图 11-8。

2. 成倍节拍流水组织方法

（1）使流水节拍满足上述条件。

（2）计算流水步距 k：k＝各施工过程节拍的最大公约数。

［例 6］中 $k=2$。

（3）计算各施工过程需配备的队组数 b_i：用 k 去除各施工过程的节拍 t_i。

即 $b_i=t_i/k$。

［例 6］中，砌墙： $b_砌=4/2=2$（个队组）

构造柱、圈梁：$b_混=6/2=3$（个队组）

安板、灌缝：$b_安=2/2=1$（个队组）

（4）确定每层施工段数 m：

无间歇要求时：$m=\sum b_i$（保证各队组均有自己的工作面）；

有间歇要求时：$m=\sum b_i+\sum Z_1/k+Z_2/k-\sum C/k$（有小数时只入不舍）；

式中 $\sum b_i$——施工队组数总和；

Z_1——同一层内相邻两施工过程间的间歇时间（技术的、组织的）；

Z_2——层间的间歇时间（技术的、组织的）；

C——同一层内相邻两施工过程间的搭接时间。

［例 6］中，无间歇要求，$m=\sum b_i=2+3+1=6$（段）。

（5）计算工期 T_P：$T_P=(jm+\sum b_i-1)k+\sum Z_1-\sum C$；

［例 6］中，$T_P=(2\times6+6-1)\times2+0-0=34$（d）。

（6）绘制进度表，见图 11-8。

【例 7】 某工程由 A、B、C 三个施工过程组成。在竖向上划分为两个施工层组织流水施工。各施工过程在每层每个施工段上的持续时间分别为 $t_A=2d$，$t_B=4d$，$t_C=4d$。B 过程完成后，其相应施工段至少有技术间歇时间 1d，C 施工过程完成后，需有组织间歇 1d，才能进行第二层的施工。在保证各工作队连续施工的条件下，求每层施工段数，并编制流水施工方案。

组织方法	施工过程	施工进度 (d)																					特点分析
		2　4　6　8　10　12　14　16　18　20　22　24　26　28　30　32　34　36　38　40　42　44																					
按等步距搭接组织	砌墙 构造柱圈梁 板、板缝																						违反施工顺序不允许 工作队不连续
按工作面连续组织（无节奏）	砌墙 构造柱圈梁 板、板缝																						有其他工作时允许
按工作队连续组织（无节奏）	砌墙 构造柱圈梁 板、板缝																						工作队相对连续；工作面未充分利用 允许
按成倍节拍流水法组织	1队 2队 1队 2队 3队	砌墙 构造柱圈梁 板、板缝																						1.合乎施工顺序；2.工作队连续，均衡地工作；3.工作面得到充分利用 较好

$$T_p = (jm + \Sigma b_i - 1)k$$

$$T_N = t_N(jm/b_N) = jmk$$

图 11-8　几种不同组织方法的特点

【解】

① 确定流水步距 k：

成倍节拍流水，取 $k=2$。

② 计算各施工过程需配备的队组数 b_i：

$$b_i = t_i/k_0，则 b_A = 2/2 = 1（个）；$$

$$b_B = 4/2 = 2（个）；b_C = 4/2 = 2（个）$$

③ 确定每个施工层的流水段数 m：

$$m = \sum b_i + (\sum Z_1/K) + (Z_2/K) - (\sum C/K)$$

$$= (1+2+2) + (1/2) + (1/2) - 0 = 6（段）$$

④ 计算流水工期 T：

$$T = (jm + \sum b_i - 1)k + \sum Z_1 - \sum C$$

$$= (2 \times 6 + 5 - 1) \times 2 + 1 - 0$$

$$= 33（d）$$

⑤ 绘制流水施工进度表，见图 11-9。

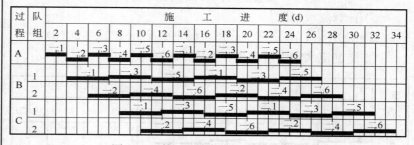

图 11-9 某工程成倍节拍流水进度表

需要注意：从理论上讲，很多工程均能满足成倍节拍流水的条件，但实际工程若不能划分成足够的流水段或配备足够的资源，则不能使用该法。

（三）分别流水法（无节奏流水）

1. 条件

同一施工过程在各段上的节拍相等或不等，不同施工过程之间在各段上的节拍不尽相等，也无规律可循。

2. 组织原则

运用流水作业的基本概念，使每一个施工过程的队组在各段上依次作业，各施工过程的队组在不同段上平行作业，使主要施工过程和主要工种的队组尽可能连续施工。

3. 单施工层的组织方法

（1）求流水步距：用"节拍累加数列错位相减取其最大差"。

（2）计算流水工期：$\quad T_P = \sum K + T_N + \sum Z_1 - \sum C$

【例8】　某工程分为四段，有甲、乙、丙三个施工过程。其在各段上的流水节拍分别为：甲——3、4、2、3d；乙——2、3、3、2d；丙——2、2、3、2d。要求甲、乙间至少间歇3d，丙与乙最多可以搭接1d。试组织流水施工。

【解】

① 确定流水步距：

甲节拍累加数列	3	7	9	12
乙节拍累加数列		2	5	8	10
差值	3	5	4	4	−10

取最大差值，即 $K_{甲,乙}=5d$

乙节拍累加数列	2	5	8	10
丙节拍累加数列		2	4	7	9
差值	2	3	4	3	−9

取最大差值，即 $K_{乙,丙}=4d$

② 计算流水工期：

$$T=\sum K+T_N+\sum Z_1-\sum C=(5+4)+9+3-1=20(d)$$

③ 绘制流水施工进度表，见图 11-10。

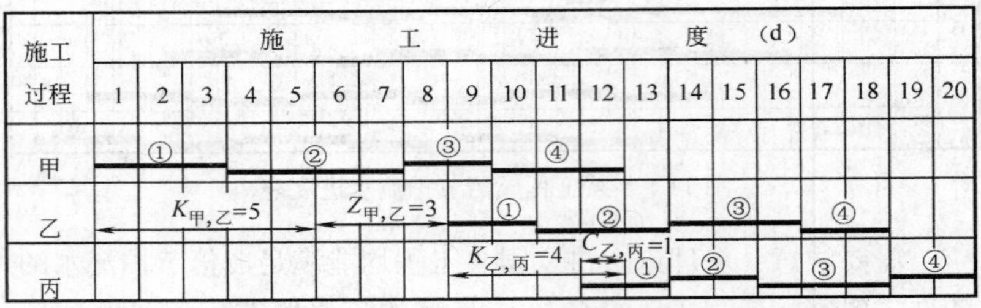

图 11-10　分别流水施工进度表

（3）注意：

1）分别流水法是流水施工中最基本的组织方法，不仅在流水节拍不规则时使用，在成倍节拍条件下，当空间或资源不能满足要求时也可使用。

2）当工程为多个施工层时，各施工过程间应继续保持相同的流水步距，以避免冲突。具体组织方法见下面内容。

4. 多施工层的组织方法

在第一个施工层按照前述方法组织流水的前提下，以后各层何时开始，主要受到空间和时间两方面限制。每项工程具体受到哪种限制，取决于其流水段数及流水节拍的特征。可用施工过程持续时间的最大值（$T_{\max}$）与流水步距的总和（$K_{总}$）之关系进行判别。

（1）当 $T_{max} < K_总$ 时，除一层以外的各施工层施工只受空间限制，可按层间工作面连续来安排第一个施工过程施工，其他施工过程均按已定步距依次施工。各施工队都不能连续作业。

（2）当 $T_{max} = K_总$ 时，流水安排同上，但具有 T_{max} 值施工过程的施工队可以连续作业。

上述两种情况的流水工期为：$T = j\sum K + (j-1)K_{层间} + T_N$

$$(11\text{-}1)$$

当有间歇和搭接要求时：

$$T = j\sum K + (j-1)K_{层间} + T_N + \sum Z_1 + (j-1)Z_2 - \sum C$$

$$(11\text{-}2)$$

（3）当 $T_{max} > K_总$ 时，具有 T_{max} 值施工过程的施工队可以全部连续作业，其他施工过程可依次按与该施工过程的步距关系安排作业。该情况下的流水工期：

$$T = j\sum K + (j-1)K_{层间} + T_N + (j-1)(T_{max} - K_总)$$
$$= j\sum K + (j-1)(T_{max} - \sum K) + T_N \qquad (11\text{-}3)$$

当有间歇和搭接要求时：

$$T = j\sum K + (j-1)(T_{max} - \sum K) + T_N + \sum Z_1 + (j-1)Z_2 - \sum C$$

$$(11\text{-}4)$$

式中　$K_总$——施工过程之间及相邻的施工层之间的流水步距总和（即 $K_总 = \sum K + K_{层间}$）；

T_{max}——一个施工层内各施工过程中持续时间的最大值；

j——施工层数；

$\sum K$——施工过程之间的流水步距之和；

$K_{层间}$——施工层之间的流水步距；

T_N——最后一个施工过程在一个施工层的施工持续时间；

$\sum Z_1$——在一个施工层中施工过程之间的间歇时间之和；

Z_2——施工层之间的间歇时间；

$\sum C$——在一个施工层中施工过程之间的搭接时间之和。

【例 9】　某工程为三个施工层，每层分为四段，有 A、B、C 三个施工过程，施工顺序为 $A \rightarrow B \rightarrow C$。各施工过程在各段上的流水节拍分别为：$A$——1、3、2、2；$B$——1、1、1、1；$C$——2、1、2、3。试编制流水施工计划。

【解】

① 确定流水步距：仍按"节拍累加数列错位相减取其最大差"方法计算，见表 11-4：

流水步距计算 表 11-4

A 的节拍累加数列	1	4	6	8			流水步距 K
B 的节拍累加数列		1	2	3	4		
C 的节拍累加数列			2	3	5	8	
A 的节拍累加数列				1	4	6	8
A、B 数列差值	1	3	4	5	−4		$K_{AB}=5$
B、C 数列差值		1	0	0	−1	−8	$K_{BC}=1$
C、A 数列差值			2	2	1	2	−8	$K_{层间}=2$

② 流水方式判别：$T_{max}=8$，属于施工过程 A 和 C。$K_{总}=5+1+2=8$；

$T_{max}=K_{总}$，则 A 和 C 的施工队均可全部连续作业。

③ 计算流水工期：按式（11-3）；

$$T=j\sum K+(j-1)K_{层间}+T_N=3\times(5+1)+(3-1)\times2+8=30(d)$$

④ 绘制施工进度表：二、三层需先绘出 A、C 的进度线，再依据步距关系绘出 B 的进度线，见图 11-11。

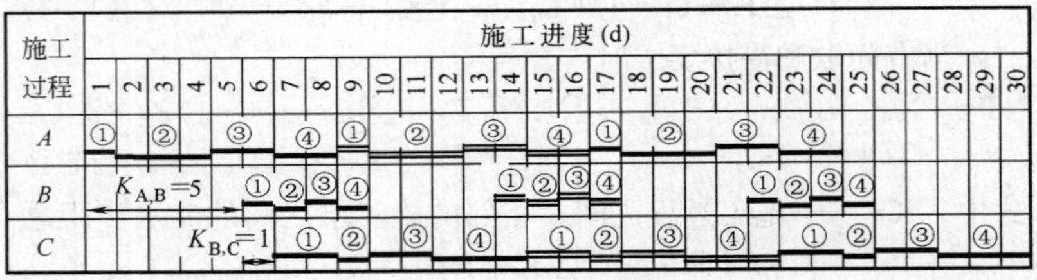

图 11-11 流水施工进度表

（双线为第二层的进度线，其后的单粗线为第三层的进度线）

【例 10】 某工程分为四段，有 A、B、C 三个施工过程，施工顺序为 A→B→C。各施工过程在各段上的流水节拍分别为：A——3、3、2、2；B——4、2、3、2；C——2、2、2、3。试编制流水施工方案。

【解】 根据题设条件，该工程只能组织无节奏流水施工。

① 确定流水步距计算：见表 11-5。

流水步距计算 表 11-5

A 的节拍累加数列	3	6	8	10			流水步距 K
B 的节拍累加数列		4	6	9	11		
C 的节拍累加数列			2	4	6	9	
A 的节拍累加数列				3	6	8	10
A、B 数列差值	3	2	2	1	−11		$K_{AB}=3$
B、C 数列差值		4	4	5	5	−9	$K_{BC}=5$
C、A 数列差值			2	1	0	1	−10	$K_{层间}=2$

② 流水方式判别：$T_{\max}=11$，属于施工过程 B。$K_\text{总}=3+5+2=10$，$T_{\max}>K_\text{总}$，B 的施工队可以连续作业。

③ 计算流水工期：按式 11-3，该两层的流水工期

$$T=j\sum K+(j-1)(T_{\max}-\sum K)+T_\text{N}$$
$$=2\times(3+5)+(2-1)(11-3-5)+9=28(\text{d})$$

④ 绘制施工进度表：

二层需先绘出 B 的进度线，再依据步距关系绘制出 A、C 的进度线，见图 11-12。

图 11-12 流水施工进度表（双线表示第二层的进度）

第四节 流水施工的综合应用

一、利用时间段组织等节奏流水

某现浇钢筋混凝土剪力墙结构高层住宅，采用大模板施工。为节约费用，只配备一套工具式钢制大模板。流水施工组织要点如下：

（1）结构施工阶段包括绑扎安装墙体钢筋、安装墙体大模板、浇筑墙体混凝土、拆大模板、支楼板模板、绑扎楼板钢筋、浇筑楼板混凝土七个主要施工过程。其中扎墙体钢筋、安装大模板、支楼板模板、扎楼板钢筋四项为主导施工过程。墙体大模板拆除及安装均由安装队完成，考虑周转要求，清晨拆除前一段后再进行本段的安装，而拆除了墙模的施工段即可安装楼板模板。墙体及楼板混凝土浇筑均安排在晚上进行。

（2）组织扎墙体钢筋 A、拆装墙体大模板 B、楼板支模 D、楼板扎筋 E 和浇筑墙及板混凝土 C 共五个工作队的流水施工。

（3）由于浇筑混凝土在晚上进行，最多有四个工作队同时作业；且施工期间气温较高，混凝土墙体拆模及楼板上人强度经一夜养护均能满足要求，认为无间歇要求，故每层划分为四个施工段。

（4）流水节拍及流水步距均定为 1d，组织全等节拍流水施工，见图 11-13。

施工过程	工作队	1		2		3		4		5		6		7		8		9	
		日	晚	日	晚	日	晚	日	晚	日	晚	日	晚	日	晚	日	晚	日	晚
扎墙筋	A	一.1		一.2		一.3		一.4		二.1		二.2		二.3		二.4		三.1	
拆、安墙模	B			一.1		一.2		一.3		一.4		二.1		二.2		二.3		二.4	
浇墙混凝土	C					一.1		一.2		一.3		一.4		二.1		二.2		二.3	
支板模	D							一.1		一.2		一.3		一.4		二.1		二.2	
扎板筋	E									一.1		一.2		一.3		一.4		二.1	
浇板混凝土	C											一.1		一.2		一.3		一.4	

图 11-13　某现浇剪力墙住宅结构标准层全等节拍流水施工作业计划

由图可见，在正常情况下，各队都实现了连续、均衡作业，工作面也没有空闲。正常情况下每 4d 完成一个楼层。

二、无节奏流水组合成节奏流水

某二层现浇钢筋混凝土框架结构办公楼，柱距 8.1m×8.1m，办公楼宽 3×8.1m=24.3m、长 10×8.1m=81m，中间有两道变形缝（间距 27m），其剖面如图 11-14 所示。流水施工组织要点如下：

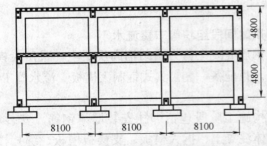

图 11-14　现浇框架办公楼结构剖面

1. 考虑既不影响结构的整体性，又要使每段工程量大致相等、劳动量均匀，且满足工作面要求。故以变形缝为界，每层划分为三个施工段。

2. 主要施工过程包括：扎柱子钢筋，支柱子、梁及楼板模板，绑扎梁、板钢筋，浇筑柱、梁、板混凝土四项。楼梯施工并入楼板。

3. 由于流水段数少于施工过程数，故按工种组织钢筋、木工、混凝土三个专业队流水施工。

4. 以支模板为主导施工过程，确保木工队在每层、每段上连续作业。其余施工过程的专业队通过适当配备，按施工顺序要求、保证工作面合理衔接进行施工。

5. 保证了各段内混凝土连续浇筑，不留施工缝。但混凝土工作队在每层、每段之间均不可能连续作业。

流水施工作业计划见图 11-15。

施工过程	每段劳动量(工日)	人数(人)	节拍(d)	施 工 进 度 (d)															
				2	4	6	8	10	12	14	16	18	20	22	24	26	28	30
扎柱筋	10	10	1															
支模板	80	20	4															
扎梁板筋	36	12	3															
浇混凝土	30	30	1															

图 11-15 某现浇框架办公楼结构分别流水施工作业计划

由图可见，各施工过程均为等节奏施工；工作面搭接合理；保证了层间间歇要求；木工队实现了连续作业，钢筋队也基本实现了连续作业（图 11-15 中箭线所指即为钢筋队作业的流动情况）。其巧妙之处在于钢筋队完成两项工作的流水节拍之和与木工队相等（1＋3＝4），将无节奏流水组合成了节奏流水。

第十二章　网络计划技术

第一节　概　　述

一、几个定义

1. 网络图

由箭线和节点按照一定规则组成的、用来表示工作流程的、有向有序的网状图形。

2. 网络计划

在网络图中加注工作的时间参数而编制成的进度计划。

3. 网络计划技术

用网络计划对任务的工作进度进行安排和控制，以保证实现预定目标的科学的计划管理技术。

二、网络计划的发展

20 世纪 50 年代中后期，由美国的关键线路法和计划评审法等计划管理方法发展而来。

20 世纪 60 年代初，由华罗庚教授介绍到我国，称为统筹法（统筹兼顾，适当安排之意）。

20 世纪 80 年代开始与项目管理相结合，成为其重要工具和组成部分。

三、网络计划的基本原理

利用网络图的形式表达一项工程中具体工作组成以及相互间的逻辑关系，经过计算分析，找出关键工作和关键线路，并按照一定目标使网络计划不断完善，以选择最优方案；在计划执行过程中进行有效的控制和调整，力求以较小的消耗取得最佳的经济效益和社会效益。

四、网络计划方法的特点

1. 横道计划法

（1）优点　1）易于编制、简单、明了、直观；

2）各项工作的起点、延续时间、工作进度、总工期一目了然；

3）流水情况表示清楚，资源计算便于据图叠加。

(2) 缺点　1) 不能反映各工作间的相互关系和影响；

2) 不能反映哪些工作是主要的、关键的，看不出计划的潜力。

2. 网络计划法

(1) 优点　1) 组成有机的整体，明确反映各工作间的制约与依赖关系；

2) 能找出关键工作和关键线路，便于管理人员抓主要矛盾；

3) 便于优化调整和利用计算机编制、管理。

(2) 缺点　1) 流水作业表达不清晰；

2) 一般网络计划的资源需要量不能叠加计算。

五、网络图的基本类型

1. 双代号网络图

由两个节点加一条箭线表示一项工作的网络图，见图 12-1。

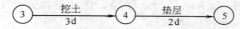

图 12-1　双代号网络图的形式

2. 单代号网络图：由一个节点表示一项工作，以箭线表示顺序的网络图，见图 12-2。

图 12-2　单代号网络图的形式

第二节　双代号网络计划

一、双代号网络图的构成

(一) 形式 (图 12-3)

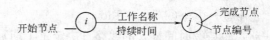

图 12-3　双代号网络图的基本构成形式

(二) 五个要素

1. 箭线

(1) 作用：一条箭线表示一项工作（施工过程、任务）；

(2) 特点：1) 消耗资源（如砌墙：消耗砖、砂浆、人工等）；

　　　　　　2）消耗时间。有时不消耗资源，只消耗时间
　　　　　　　（如：技术间歇）。

2. 节点

用圆圈表示，表示了工作开始或结束。

特点：不消耗时间和资源。

3. 节点编号

（1）作用：方便查找与计算，用两个节点的编号可代表一项工作；

（2）编号要求：箭头号码大于箭尾号码，即：$j > i$；

（3）编号顺序：先绘图后编号；顺箭头方向；可隔号编。

4. 虚工作

虚拟的工作（持续时间为零的假设工作），用虚箭线表示。

（1）特点：不消耗时间和资源。

（2）作用：联系、区分、断路。保证逻辑关系正确。

5. 线路与关键线路

如图12-4所示网络图，其线路如下：

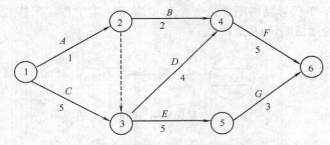

图12-4　双代号网络图的线路

线路：①→②→④→⑥　　　8d
　　　①→②→③→④→⑥　10d
　　　①→②→③→⑤→⑥　9d
　　　①→③→④→⑥　　　14d
　　　①→③→⑤→⑥　　　13d

关键线路：总持续时间最长的线路（决定了工期）。

关键工作：关键线路上的各项工作。

二、双代号网络图的绘制

（一）绘制规则

1. 正确表达已定的逻辑关系，即各工作的先后顺序和相互关系，但受人员、工作面、施工顺序等要求的制约。

如绘制逻辑关系图：

（1）B、D 工作在 A 工作完成后进行，见图 12-5。

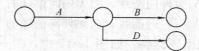

图 12-5 逻辑关系图（一）

（2）A、B 均完成后进行 C，见图 12-6。

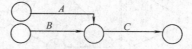

图 12-6 逻辑关系图（二）

（3）A、B 均完成后进行 C、D，见图 12-7。

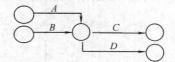

图 12-7 逻辑关系图（三）

（4）A 完成后进行 C，A、B 均完成后进行 D，见图 12-8。

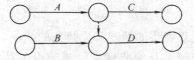

图 12-8 逻辑关系图（四）

（5）A 完成后进行 B，B、C 均完成后进行 D，见图 12-9。

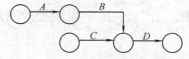

图 12-9 逻辑关系图（五）

（6）A、B 均完成后进行 D，A、B、C 均完成后进行 E，D、E 均完成后进行 F，见图 12-10。

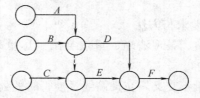

图 12-10 逻辑关系图（六）

2. 在一个网络图中，只能有一个起点节点、一个终点节点。否则，不是完整的网络图。

起点节点：只有外向箭线、而无内向箭线的节点；

终点节点：只有内向箭线、而无外向箭线的节点。

3. 严禁出现循环回路。如图 12-11 中，②→③→④→②形成了闭回路，错误。

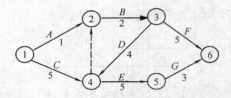

图 12-11 存在闭回路错误的网络图

4. 不允许出现相同编号的工作，见图 12-12。

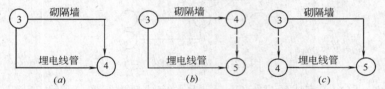

图 12-12 避免出现工作编号相同错误的方法
(a) 错误；(b) 正确；(c) 正确

5. 严禁出现双箭头的箭线和无箭头的线段。

6. 不允许出现无开始节点或完成节点的箭线。见图 12-13，在砌墙进行到一定程度即许开始抹灰的错误与正确的表达方法。图 12-13 (a) 中的"抹灰"无开始节点，违反绘图规则。

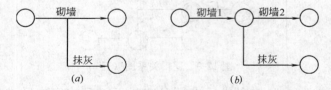

图 12-13 无箭尾节点错误及其改正方法
(a) 错误；(b) 正确

(二) 绘制要求与方法

1. 布局规整、条理清晰、重点突出（尽量采用水平、垂直箭线的网格结构）。

2. 箭线尽量不交叉，交叉箭线及换行时的处理见图 12-14。

3. 起点节点有多条外向箭线、终点节点有多条内向箭线时，

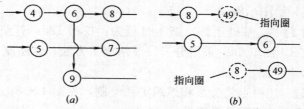

图 12-14 交叉箭线及换行的处理

(a) 过桥法；(b) 指向法

可采用母线法绘制（图 12-15）；中间节点在不至于造成混乱的前提下，也可使用母线法。

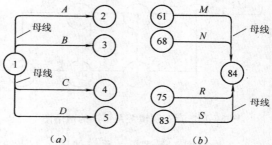

图 12-15 使用母线画法

(a) 起点处的母线；(b) 终点处的母线

4. 网络图的排列方法：尽量使网络图水平方向长；如分层分段施工时，水平方向可：

（1）按组织关系排列：见图 12-16。

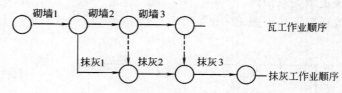

图 12-16 水平方向表示组织关系

（2）按工艺关系排列：见图 12-17。

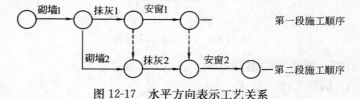

图 12-17 水平方向表示工艺关系

5. 尽量减少不必要的箭线和节点。在不会改变其逻辑关系的前提下，使网络图简单明了。

（三）绘图示例

【例1】　某基础工程，施工过程为：挖槽12d，打垫层3d，砌墙基9d，回填6d；采用分三段流水施工方法，试绘制双代号网络图。

【解】　按照工艺关系和组织关系绘制，见图12-18。但该图存在着严重的逻辑关系错误。

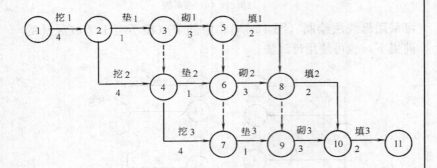

图12-18　存在逻辑关系错误的网络图

其中：挖土3与垫层1无逻辑关系，垫层3与砌筑1无逻辑关系，砌筑3与回填1无逻辑关系（即：无工艺、资源、工作面关系），而前者却受到了后者的控制。

结论："两进两出"及其以上的多进多出节点，易造成逻辑关系错误。一般可使用虚箭线并增加节点来拆分这种节点，以避免出现逻辑关系错误。

改正如下：见图12-19。

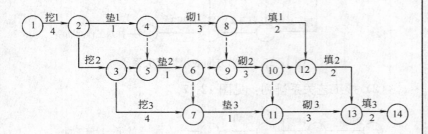

图12-19　改正后的网络图

（四）网络图的编制步骤

1. 编制工作一览表

包括：列项，计算工程量、劳动量、延续时间，确定施工组织方式。

2. 绘制网络图

（1）较小项目——直接绘图；

（2）较大项目——可按施工阶段或层段分块绘图，再行拼接。

三、双代号网络图的计算

（一）概述

1. 计算目的

（1）求出工期；

（2）找出关键线路；

（3）计算出时差。

2. 计算条件

线路上每项工作的延续时间都是确定的（肯定型）。

3. 计算内容（工期和6种参数）

（1）每项工作的开始及结束时间（最早、最迟）；

（2）每项工作的时差（总时差、自由时差）。

4. 计算手段与方法

（1）手算（图上、表上等）——简单的网络计划；

（2）计算机（程序软件）——大型、复杂的网络计划。

（二）图上计算法（工作计算）

紧前工作：紧排在本工作之前的工作，以 $h—i$ 表示，见图 12-20。

紧后工作：紧排在本工作之后的工作，以 $j—k$ 表示，见图 12-20。

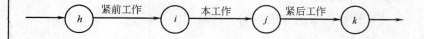

图 12-20 所计算的"本工作"及其紧前、紧后工作

1. "最早时间"的计算（图 12-21）

（1）最早开始时间（ES）

1）定义：在紧前工作和有关时限约束下，工作有可能开始的最早时刻。

2）计算：取紧前工作最早完成时间的大值。即：紧前工作全部完成后，本工作才能开始。 $ES_{i-j}=\max\{EF_{h-i}\}$

（2）最早完成时间（EF）

1）定义：在紧前工作和有关时限约束下，工作有可能完成的最早时刻。

2）计算：最早开始时间＋持续时间。

即：$EF_{i-j}=ES_{i-j}+D_{i-j}$

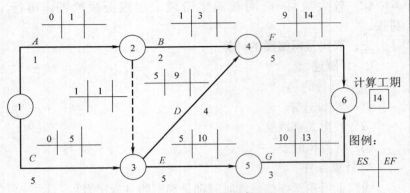

图 12-21　计算工作的最早时间

最早时间的计算规则："顺线累加，逢多取大"。

2. "最迟时间"的计算（图 12-22）

（1）最迟完成时间（LF）

1）定义：在不影响计划工期和有关时限约束下，工作最迟必须完成的时刻。

2）计算：取计划工期或紧后工作最迟开始时间的最小值，即：

$$LF_{i-j}=\min\{LS_{j-k}\}$$

（2）最迟开始时间（LS）

1）定义：在不影响计划工期和有关时限约束下，工作最迟必须开始的时刻。

2）计算：最迟完成时间－持续时间，即：

$$LS_{i-j}=LF_{i-j}-D_{i-j}$$

最迟时间的计算规则："逆线累减，逢多取小"。

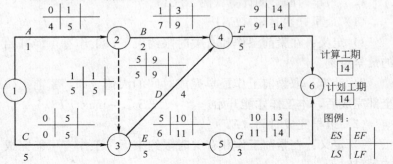

图 12-22　计算工作的最迟时间

3. 时差的计算

时差——在工作或线路中可以利用的机动时间。

（1）总时差（TF）

1）定义：在不影响计划工期的前提下，一项工作可以利用的机动时间。

2）计算方法：用本工作最迟时间减相应的最早时间。

$TF_{i-j}=LF_{i-j}-EF_{i-j}=LS_{i-j}-ES_{i-j}$，见图 12-23。

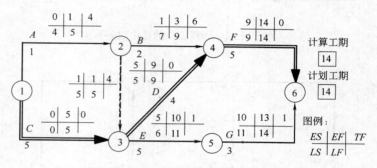

图 12-23　计算工作的总时差

3）计算目的：

① 找出关键工作和关键线路：

a. 网络计划中总时差最小的工作为关键工作；

b. 由关键工作组成或总持续时间最长的线路为关键线路（图中双线）；

c. 一个网络计划中至少有一条关键线路。

② 优化网络计划使用（动用其则引起通过该工作各线路上的时差重分配）。

（2）自由时差（FF_{i-j}）——是总时差的一部分。

1）定义：在不影响其紧后工作最早开始的前提下，一项工作可以利用的机动时间。

2）计算方法：用紧后工作最早开始的小值－本工作最早完成时间，即：

$FF_{i-j}=ES_{j-k}-EF_{i-j}$，见图 12-24。

3）计算目的：利用其变动工作开始时间或增加持续时间（调整时间和资源）来优化网络计划，不会对任何工作造成影响。

【例2】　某工程的网络图见图 12-25，试采用图上计算法计算各工作的时间参数，并求出工期、找出关键线路。

【解】　计算结果见图 12-26。

工期为 19d；关键线路两条，见图 12-26 中双线所示。

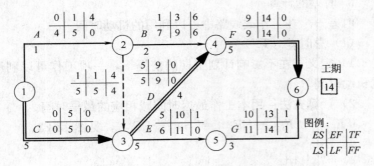

图 12-24　计算工作的自由时差

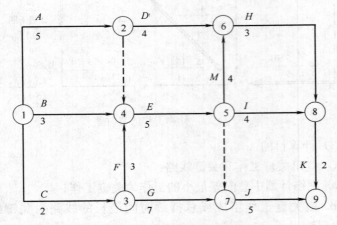

图 12-25　某工程网络图

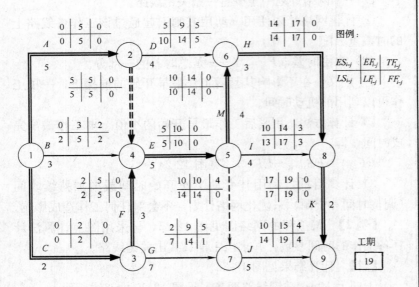

图 12-26　某工程网络图的计算结果

（三）节点标号法（节点计算）

不需求出最早、最迟时间及总时差，即可快速求出工期和找出关键线路。

步骤如下：

（1）设起点节点的标号值为零，即 $b_1 = 0$。

（2）顺箭线方向逐个计算节点的标号值。

每个节点的标号值，等于以该节点为完成节点的各工作的开始节点标号值与相应工作持续时间之和的最大值，即：

$$b_j = \max\{b_i + D_{i-j}\}$$

将标号值的来源节点及标号值标注在节点上方。

（3）节点标号完成后，终点节点的标号即为计算工期。

（4）从网络计划终点节点开始，逆箭线方向按源节点寻求出关键线路。

【例3】　某已知网络计划如图 12-27 所示，试用标号法求出工期并找出关键线路。

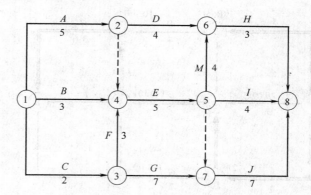

图 12-27　某工程网络计划图

【解】

（1）设起点节点标号值 $b_1 = 0$。

（2）对其他节点依次进行标号。各节点的标号值计算如下。将源节点号和标号值标注在图 12-28 中。

$$b_2 = b_1 + D_{1-2} = 0 + 5 = 5; b_3 = b_1 + D_{1-3} = 0 + 2 = 2$$

$$b_4 = \max[(b_1 + D_{1-4}), (b_2 + D_{2-4}), (b_3 + D_{3-4})]$$

$$= \max[(0+3), (5+0), (2+3)] = 5$$

$$b_5 = b_4 + D_{4-5} = 5 + 5 = 10; b_6 = b_5 + D_{5-6} = 10 + 4 = 14;$$

$$b_7 = b_5 + D_{5-7} = 10 + 0 = 10$$

$$b_8 = \max[(b_5 + D_{5-8}), (b_6 + D_{6-8}), (b_7 + D_{7-8})]$$

$$= \max[(10+4), (14+3), (10+5)] = 17$$

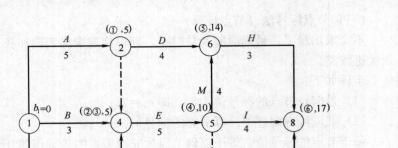

图 12-28　对节点进行标号

（3）该网络计划的工期为 17d。

（4）根据源节点逆箭线寻求出关键线路。两条关键线路见图 12-29 中双线所示。

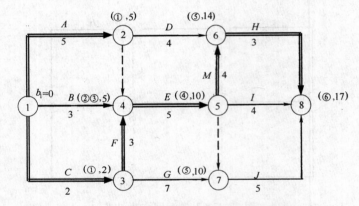

图 12-29　根据源节点逆箭线找出关键线路

第三节　单代号网络计划

优点：易表达逻辑关系；不需设置中间虚工作；易于检查修改。

缺点：不能设置时间坐标，看图不直观。

一、绘制

（一）构成与基本符号

1. 节点：用圆圈或方框表示。一个节点表示一项工作。

特点：消耗时间和资源。

表示方法：见图 12-30。

2. 箭线：仅表示工作间的逻辑关系。

特点：不占用时间，不消耗资源。

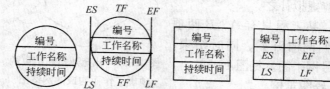

图 12-30　单代号网络图的节点形式

3. 代号：一项工作有一个代号，不得重号。

要求：由小到大。

(二) 绘制规则

1. 逻辑关系正确；

如：(1) A 完成后进行 B，见图 12-31。

(2) B、C 完成后进行 D，见图 12-32。

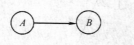

图 12-31　逻辑关系图（一）

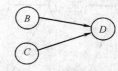

图 12-32　逻辑关系图（二）

(3) A 完成后进行 C，B 完成后进行 C、D，见图 12-33。

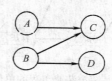

图 12-33　逻辑关系图（三）

(4) A、B、C 完成后进行 D、E、F，见图 12-34。

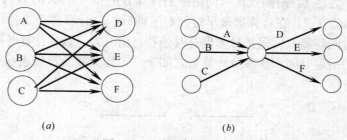

(a)　　　　　　　　　　　(b)

图 12-34　逻辑关系图（四）

(a) 单代号形式；(b) 双代号形式

2. 严禁出现循环线路；

3. 严禁出现无箭尾节点或无箭头节点的箭线；

4. 只能有一个起点节点和一个终点节点。若缺少起点节点或终点节点时，应虚拟补之。

例如：某工程只有 A、B 两项工作，它们同时开始、同时结束，绘制单代号网络图。见图 12-35。

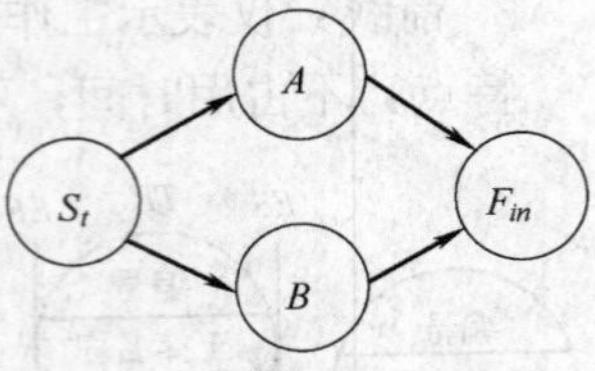

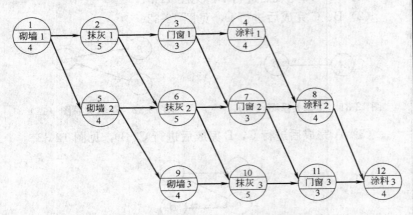

图 12-35　补充开始和结束两项虚工作而构成的网络图

（三）绘图示例

【例 4】 某装饰装修工程分为三个施工段，施工过程及其延续时间为：砌围护墙及隔墙 12d，内外抹灰 15d，安铝合金门窗 9d，喷刷涂料 12d。拟组织瓦工、抹灰工、木工和油工四个专业队组进行施工。试绘制单代号网络图。

【解】 绘制单代号网络图，见图 12-36。

图 12-36　某装饰装修工程的单代号网络图

二、计算

方法 1：按照双代号网络图的计算方法和计算顺序进行。

方法 2：在计算出最早时间和工期后，先计算各个工作之间的时间间隔，再据其计算出总时差和自由时差，最后计算各项工作的最迟时间。步骤及计算公式如下（工作关系及符号表示见图 12-37）：

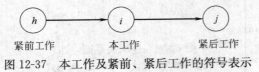

图 12-37　本工作及紧前、紧后工作的符号表示

（一）最早时间

1. 最早开始时间 $ES_i = \max\{ES_h + D_h\} = \max\{EF_h\}$；开

始节点 $ES_i=0$；顺线累加，取大。

2. 最早完成时间：$EF=ES_i+D_i$。

3. 计算工期：$T_c=EF_n=ES_n+D_n$。

（二）相邻两项工作的时间间隔

后项工作的最早开始时间与前项工作的最早完成时间的差值

$$LAG_{i-j}=ES_j-EF_i$$

（三）时差计算

1. 工作的总时差 $TF_n=0$，$TF_i=\min\{LAG_{i-j}+TF_j\}$ 逆线计算。

2. 工作的自由时差 $FF_i=\min\{LAG_{i-j}\}$。

（四）最迟时间

1. 最迟完成时间 $LF_n=T_P$（计划工期）

$$LF_i=EF_i+TF_i$$

2. 最迟开始时间 $LS_i=ES_i+TF_i$；或 $LS_i=LF_i-D_i$

（五）关键线路

总时差为"0"的关键工作构成的自始至终的线路。或 LAG_{i-j} 均为 0 的线路（宜逆线寻找）。

【例5】 以图 12-36 为例，计算其工作的时间参数及工作之间的时间间隔，并求出工期，找出关键线路。

解：见图 12-38。工期为 26d，关键线路见图中双线。

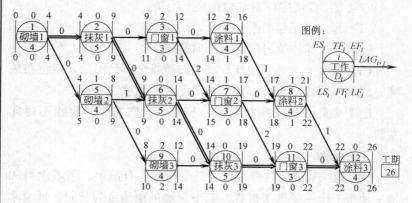

图 12-38 前例单代号网络图的计算结果

第四节 时标网络计划

一、概念与特点

时标网络计划：以时间坐标为尺度编制的双代号网络计划。

特点：

1. 清楚地标明计划的时间进程，便于使用；

2. 直接显示各项工作的开始时间、完成时间、自由时差、关键线路；

3. 易于确定同一时间的资源需要量；

4. 手绘图及修改比较麻烦（如需改变工作持续时间或改变工期，将引起整个网络图的变动），宜用计算机绘图与管理。

二、时标网络计划图的绘制

（一）绘制要求

1. 宜按最早时间绘制；

2. 先绘制时间坐标表（顶部或底部、或顶底部均有时标，可加日历；通长的时间刻度线用细线，也可不画或少画）；

3. 实箭线表示工作，虚箭线表示虚工作，波形线表示自由时差或时间间隔；

4. 节点中心对准刻度线；

5. 虚工作用垂直虚线表示，其水平部分（为时间间隔）用波形线。

（二）绘制方法

方法 1：先绘制一般网络计划并计算出时间参数，再绘时标网络计划图；

方法 2：直接按草图在时标表上绘制：

（1）起点定在起始刻度线上；

（2）按工作持续时间绘制外向箭线；

（3）每个节点必须在其所有内向箭线全部绘出后，定位在最晚完成的实箭线箭头处。未到该节点者，用波线补足。

绘图注意：从左向右绘制；节点尽量向左靠，箭线不得向左斜。

三、示例

【例 6】　某装饰装修工程有三个楼层，有吊顶、顶墙涂料和铺木地板三个主要施工过程。其中每层吊顶确定为三周、顶墙涂料定为两周、铺木地板定为一周。其双代号网络图见图 12-39，试绘制其时标网络计划。

【解】　时标网络计划见图 12-40。

四、关键线路和时间参数的判定

1. 关键线路的判定：自终点至起点无波形线的线路。

2. 工期：$T_P =$ 终点节点时标－起点节点时标。

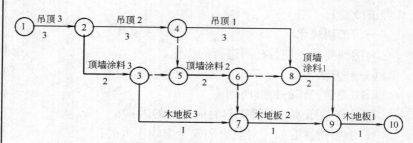

图 12-39 某装饰装修工程的双代号网络图

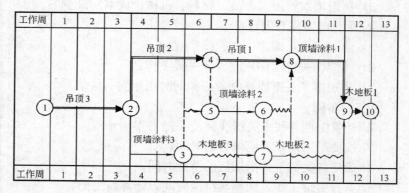

图 12-40 某装饰装修工程的时标网络计划

3. 最早开始时间：箭线左边节点中心时标值。

4. 最早完成时间：箭线实线部分的右端或右端节点中心时标值。

5. 工作自由时差：波形线水平投影长度。

6. 工作总时差：各紧后工作总时差的小值与本工作的自由时差之和。即：

$$TF_{i-j} = \min\{TF_{j-k}\} + FF_{i-j}$$

自后向前计算。

7. 最迟完成时间：总时差＋最早完成时间。

即 $LF_{i-j} = TF_{i-j} + EF_{i-j}$。

8. 最迟开始时间：总时差＋最早开始时间。

即 $LS_{i-j} = TF_{i-j} + ES_{i-j}$。

第五节 网络计划的优化

优化：在一定约束条件下，按既定目标，进行不断检查、评价、调整和完善的过程。

优化目标：工期；资源；费用（有重要意义，有时可产生重大经济效益)。

一、工期优化

为达到要求工期目标所进行的优化。

(一)方法

压缩关键工作的持续时间。

1. 选择被压缩的关键工作时应考虑的因素:

1)缩短持续时间,对质量和安全影响不大的;

2)有充足备用资源的;

3)所需增加资源(人员、材料、机械、成本)最少的。

2. 优化时需注意问题:

1)通过评价,确定优先选择系数;

2)不能将关键工作压缩成非关键工作;

3)出现多条关键线路时,必须同时压缩同一数值。

(二)步骤

1. 计算工期并找出关键线路及关键工作;

2. 按要求工期计算应缩短的时间;

3. 确定各关键工作能缩短的持续时间;

4. 选择关键工作,调整其持续时间,计算新工期;

5. 工期仍不满足时,重复以上步骤。

注意:当关键工作持续时间都已达到最短极限,仍不满足工期要求时,应调整方案或对要求工期重新审定。

(三)示例

【例7】 已知某网络计划如图 12-41 所示。图中箭线下方或右侧的括号外为正常持续时间,括号内为最短持续时间;箭线上方或左侧的括号内为优选系数,若要求工期为 15d,试对其进行工期优化。

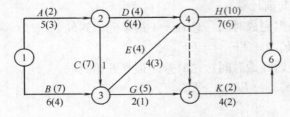

图 12-41 例 7 的网络计划

【解】

(1)求计算工期并找出关键线路:

用标号法。如图 12-42 所示,关键线路为 *ADH*,计算工期为 18d。

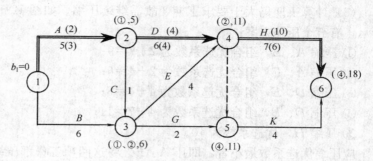

图 12-42　初始网络计划

（2）计算应缩短的时间：$\Delta T = T_c - T_r = 18 - 15 = 3d$。

（3）选择应优先缩短的工作：各关键工作中 A 工作的优先选择系数最小。

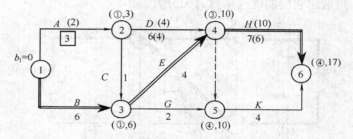

图 12-43　将 A 缩短至最短的网络计划

（4）压缩工作的持续时间：

将 A 工作压缩至最短持续时间 3，找出新关键线路，如图 12-43 所示。

此时关键工作 A 压缩后成了非关键工作，故须将其松弛，使之成为关键工作，现将其松弛至 4d，找出关键线路如图 12-44，此时 A 又成了关键工作。

图中有两条关键线路，即 ADH 和 BEH。其计算工期 $T_c = 17d$，应再缩短的时间为：$\Delta T_1 = 17 - 15 = 2d$。

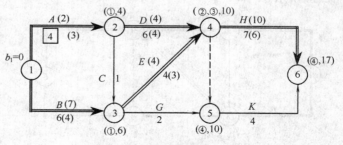

图 12-44　第一次压缩后的网络计划

（5）计算工期仍大于要求工期，故需继续压缩。如图 12-44
所示，有五个压缩方案：

① 压缩 A、B，组合优选系数为 2+7=9；
② 压缩 A、E，组合优选系数为 2+4=6；
③ 压缩 D、E，组合优选系数为 4+4=8；
④ 压缩 D、B，组合优选系数为 4+7=11；
⑤ 压缩 H，优选系数为 10。

应压缩优选系数最小者，即压 A、E。将这两项工作都压缩
至最短持续时间 3d，亦即各压缩 1d。

用标号法找出关键线路，如图 12-45 所示。此时关键线路只
有两条，即：ADH 和 BEH；计算工期 $T_c=16d$，还应缩短
$\Delta T_2=16-15=1d$。由于 A 和 E 已达最短持续时间，不能被压
缩，可假定它们的优选系数为无穷大。

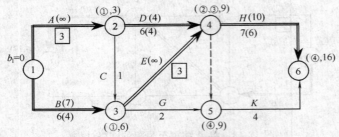

图 12-45　第二次压缩后的网络计划

（6）由于计算工期仍大于要求工期，故需继续压缩。

前述的五个压缩方案中前三个方案的优选系数都已变为无穷
大，现还有两个方案：

① 压缩 B、D，优选系数为 7+4=11；
② 压缩 H，优选系数为 10。

采取压缩 H 的方案，将 H 压缩 1d，持续时间变为 6。得出
计算工期 $T_c=15d$，等于要求工期，已达到优化目标。优化方案
见图 12-46 所示。

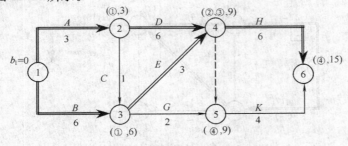

图 12-46　优化后的网络计划

上述网络计划的工期优化方法是一种技术手段，是在逻辑关系一定的情况下压缩工期的一种有效方法，但绝不是唯一的方法。事实上，在一些较大的工程项目中，调整好各专业之间及各工序之间的搭接关系、组织立体交叉作业和平行作业、适当调整网络计划中的逻辑关系，对缩短工期有着更重要的意义。

二、资源优化

以资源为目标所进行的优化。

目的：使资源得到合理地分配和使用，工期合理。

方法：资源有限时，寻求最短工期；

工期已定时，力求资源均衡。

条件：网络图中逻辑关系确定；各项工作资源需要量已知；

时差已找出。

（一）资源有限工期最短的优化

若所缺资源仅为某一项工作使用：重新计算工作持续时间、工期（调整在时差内不影响工期；关键工作——影响工期）。

若所缺资源为同时施工的多项工作使用：后移某些工作，但应使工期延长最短。

优化步骤：

1. 计算每天资源需用量。

2. 从开始日期起逐日检查资源数量：

未超限额——方案可行，编制完成；

超出限额——需进行计划调整。

3. 调整资源冲突

（1）找出资源冲突时段的工作；

（2）确定调整工作的次序：

1）原则：先调整使工期延长最小的施工过程。

2）方法：

① 计算不同调整方案的工期延长值：

$$\Delta D_{m-n,i-j} = EF_{m-n} + D_{i-j} - LF_{i-j} = EF_{m-n} - (LF_{i-j} - D_{i-j})$$
$$= EF_{m-n} - LS_{i-j}$$
$$\Delta D_{i-j,m-n} = EF_{i-j} - LS_{m-n}$$

ΔD 得负或 0，对工期无影响；得正则为工期延长值。

② 取 ΔD 最小的调整方案，进行调整。

【例 8】 见图 12-47，有 $m-n$ 和 $i-j$ 两项工作资源冲突，则有 $i-j$ 移到 $m-n$ 之后或 $m-n$ 移到 $i-j$ 之后两个调整方案：

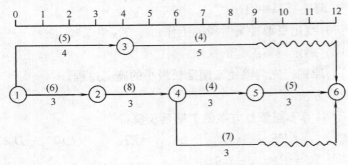

图 12-47 工作 $i-j$ 调整对工期的影响

方案 1：将 $i-j$ 排在 m—n 之后，则 $\Delta D_{m-n, i-j} = EF_{m-n} - LS_{i-j} = 15 - 14 = 1$（d）；

方案 2：将 m—n 排在 $i-j$ 之后，则 $\Delta D_{i-j, m-n} = EF_{i-j} - LS_{m-n} = 17 - 10 = 7$（d）。

应选方案 1。

特例：当 $\min\{EF\}$ 和 $\max\{LS\}$ 属于同一工作时，则应找出 EF_{m-n} 的次小值及 LS_{i-j} 的次大值代替，而组成两种方案，即：

$$\Delta D_{m-n, i-j} = （次小 EF_{m-n}） - \max\{LS_{i-j}\};$$

$\Delta D_{m-n, i-j} = \min\{EF_{m-n}\} - （次大 LS_{i-j}）$，取小者的调整顺序。

4. 绘制调整后的网络计划图，重复 1→3 步骤，直到满足要求为止。

【例 9】 已知网络计划如图 12-48 所示。图中箭线上方为资源强度，箭线下方为持续时间，若资源限量 $R_a = 12$，试对其进行资源有限-工期最短的优化。

图 12-48 某工程网络计划

【解】

（1）计算资源需量

如图 12-49 所示。至第 4d，$R_4 = 13 > R_a = 12$，故需进行调整。

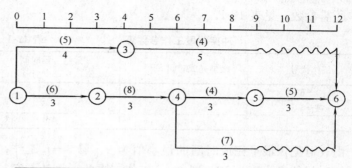

图 12-49　计算资源需要量，直至多于资源限量时停止

（2）选择方案与调整：冲突时段的工作有 1—3 和 2—4，调整方案为：

方案一：1—3 移至 2—4 之后，$EF_{2-4}=6$，$ES_{1-3}=0$，$TF_{1-3}=3$，得：

$$\Delta T_{2-4,1-3}=EF_{2-4}-LS_{1-3}=6-(0+3)=3;$$

方案二；2—4 移至 1—3 之后，$EF_{1-3}=4$，$ES_{2-4}=3$，$TF_{2-4}=0$，得：

$$\Delta T_{1-3,2-4}=EF_{1-3}-LS_{2-4}=4-(3+0)=1$$

决定采用工期增量较小的第二方案，绘出其网络计划如图 12-50 所示。

（3）计算资源需要量

见图 12-50，计算至第 8d，$R_8=15>R_a=12$，故需进行第二次调整。

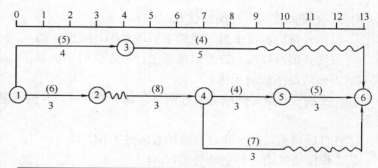

图 12-50　第一次调整，并继续检查资源需要量

（4）进行第二次调整

发生资源冲突时段的工作有 3—6、4—5 和 4—6 三项。计算

调整所需参数，见表 12-1。

冲突时段工作参数表　　　　　　　　　表 12-1

工作代号	最早完成时间 EF_{i-j}	最迟开始时间 $LS_{i-j}=ES_{i-j}+TF_{i-j}$
3—6	9	8
4—5	10	7
4—6	11	10

由表可见，最早完成时间的最小值为 9，属 3－6 工作；最迟开始时间的最大值为 10，属 4－6 工作。因此，最佳方案是将 4－6 移至 3－6 之后，其工期增量将最小，即：$\Delta T_{3-6,4-6}=9-10=-1$。工期增量为负值，即工期不会增加。调整后的网络计划见图 12-51。

（5）再次计算资源需要量

见图 12-51，自始至终资源的需要量均小于资源限量，已达到优化要求。

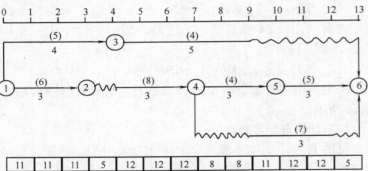

图 12-51　经第二次调整得到优化网络计划

（二）工期固定资源均衡的优化

1. 目的：使资源需要量尽量趋于平均水平，减少波动。

2. 方法：削高峰法、方差值最小法、极差值最小法等。

3. 方差值最小法的步骤：

（1）按最早开始时间绘制时标网络计划，并计算每天资源需要量；

（2）自后向前，逐个移动有机动时间的工作。

某工作能否移动的判别条件是：

1) 右移一个时间单位时　　　$R_{j+1}+r_k \leqslant R_i$　　　　(12-1)

2) 左移一个时间单位时　　　$R_{i-1}+r_k \leqslant R_j$　　　　(12-2)

3) 将所有可以移动的工作向右移动一次后，再进行第二次移动，直至所有的工作既不能向右移动也不能向左移动为止。

【**例 10**】某网络计划如图 12-52 所示。箭线上方数字为该工作每日资源需要量,箭线下数字为持续时间。

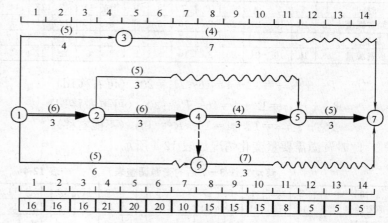

图 12-52 某工程初始网络计划

(1) 未调整时的资源需要量方差值:

$$\sigma^2 = \frac{1}{T}\sum_{t=1}^{T} R_t^2 - R_m^2$$

$$R_m = [16 \times 3 + 21 \times 1 + 20 \times 2 + 10 \times 1 + 15 \times 3 + 8 \times 1 + 5 \times 3]/14 = 13.36$$

$$\sigma^2 = [16^2 \times 3 + 21^2 \times 1 + 20^2 \times 2 + 10^2 \times 1 + 15^2 \times 3 + 8^2 \times 1 + 5^2 \times 3]/14 - 13.36^2 = 30.3$$

(2) 向右移动工作 6—7,按式 (12-39) 判断如下:

$R_{11} + r_{6-7} = 8 + 7 = 15 = R_8 = 15$ (可右移1d)

$R_{12} + r_{6-7} = 5 + 7 = 12 < R_9 = 15$ (可再右移1d)

$R_{13} + r_{6-7} = 5 + 7 = 12 < R_{10} = 15$ (可再右移1d)

此时,已将 6—7 移至其原有位置之后,能否再移动需待列出调整表后进行判断。如表 12-2 所示。

移动工作 6—7 后的资源调整表   表 12-2

时间	1	2	3	4	5	6	7	8	9	10	11	12	13	14
原资源量	16	16	16	21	20	20	10	15	15	15	8	5	5	5
调整量								−7	−7	−7	+7	+7	+7	
现资源量	16	16	16	21	20	20	10	8	8	8	15	12	12	5

从表 12-2 可看出,工作 6—7 还可向右移动,即:

$R_{14} + r_{6-7} = 5 + 7 = 12 < R_{11} = 15$ (可右移1d)

至此工作 6—7 已移到网络计划的最后,不能再移。移动后的资源需要量变化情况见表 12-3。

(3) 向右移动工作 3—7:

移动工作 6—7 后的资源调整表　　　　表 12-3

时间	1	2	3	4	5	6	7	8	9	10	11	12	13	14
原资源量	16	16	16	21	20	20	10	8	8	8	15	12	12	5
调整量											−7			+7
现资源量	16	16	16	21	20	20	10	8	8	8	8	12	12	12

$$R_{12}+r_{3-7}=12+4=16<R_5=20 \quad （可右移1d）$$
$$R_{13}+r_{3-7}=12+4=16<R_6=20 \quad （可再右移1d）$$
$$R_{14}+r_{3-7}=12+4=16>R_7=10 \quad （不能右移）$$

此时资源需要量变化情况如表 12-4 所示。

移动工作 3—7 后的资源调整表　　　　表 12-4

时间	1	2	3	4	5	6	7	8	9	10	11	12	13	14
原资源量	16	16	16	21	20	20	10	8	8	8	8	12	12	12
调整量				−4	−4							+4	+4	
现资源量	16	16	16	21	16	16	10	8	8	8	8	16	16	12

（4）向右移动工作 2—5：

$$R_7+r_{2-5}=10+5=15<R_4=21 \quad （可右移1d）$$
$$R_8+r_{2-5}=8+5=13<R_5=16 \quad （可再右移1d）$$
$$R_9+r_{2-5}=8+5=13<R_6=16 \quad （可再右移1d）$$

此时，已将 2—5 移至其原有位置之后，能否再移动需待列出调整表后进行判断。如表 12-5 所示。

移动工作 2—5 后的资源调整表　　　　表 12-5

时间	1	2	3	4	5	6	7	8	9	10	11	12	13	14
原资源量	16	16	16	21	16	16	10	8	8	8	8	16	16	12
调整量				−5	−5	−5	+5	+5	+5					
现资源量	16	16	16	16	11	11	15	13	13	8	8	16	16	12

从表 12-5 可看出，工作 2—5 还可向右移动，即：

$$R_{10}+r_{2-5}=8+5=13<R_7=15 \quad （可右移1d）$$
$$R_{11}+r_{2-5}=8+5=13=R_8=13 \quad （可再右移1d）$$

从图中可以看出，工作 2—5 已无时差，不能再向右移动。此时资源需要量变化情况如表 12-6 所示。

再移动工作 2—5 后的资源调整表　　　　表 12-6

时间	1	2	3	4	5	6	7	8	9	10	11	12	13	14
原资源量	16	16	16	16	11	11	15	13	13	8	8	16	16	12
调整量							−5	−5		+5	+5			
现资源量	16	16	16	16	11	11	10	8	13	13	13	16	16	12

为了明确看出其他工作能否右移，绘出经以上调整后的网络

计划，见图 12-53。

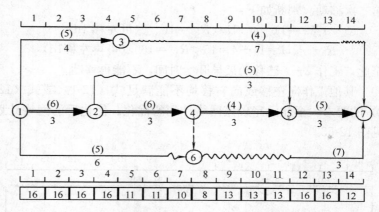

图 12-53　右移 6—7、3—7、2—5 后的网络计划

（5）向右移动工作 1—6：

$$R_7+r_{1-6}=10+5=15<R_1=16 \quad （可右移1d）$$
$$R_8+r_{1-6}=8+5=13<R_2=16 \quad （可再右移1d）$$
$$R_9+r_{1-6}=13+5=18>R_3=16 \quad （不能右移）$$

此时资源需要量变化情况如表 12-7 所示。

移动工作 1—6 后的资源调整表　　　　表 12-7

时间	1	2	3	4	5	6	7	8	9	10	11	12	13	14
原资源量	16	16	16	16	11	11	10	8	13	13	13	16	16	12
调整量	−5	−5					+5	+5						
现资源量	11	11	16	16	11	11	15	13	13	13	13	16	16	12

（6）可明显看出，工作 1—3 不能向右移动。

至此，第一次向右移动已经完成，其网络计划见图 12-54。

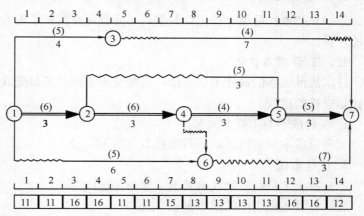

图 12-54　向右移动一遍后的网络计划

（7）由图 12-54 可看出，工作 3—7 可以向左移动，故进行第二次移动。判断如下：

$$R_6 + r_{3-7} = 11 + 4 = 15 < R_{13} = 16 \quad （可左移 1d）$$
$$R_5 + r_{3-7} = 11 + 4 = 15 < R_{12} = 16 \quad （可再左移 1d）$$

至此，工作 3—7 已移动最早开始时间，不能再移动。

其他工作向左移或向右移均不能满足式（12-1）或式（12-2）的要求。至此已完成该网络计划的优化。优化后的网络计划见图 12-55。

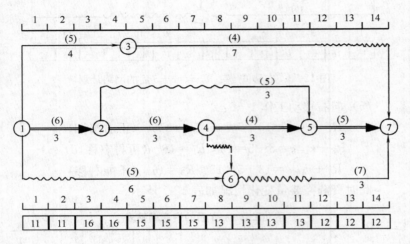

图 12-55　优化后的网络计划

（8）计算优化后方差值

$$\sigma^2 = \frac{1}{14} \times [11^2 \times 2 + 16^2 \times 2 + 15^2 \times 3 + 13^2 \times 4 + 12^2 \times 3] - 13.36^2 = 2.72$$

与初始网络计划比较，方差值降低了：$\frac{30.30 - 2.72}{30.30} \times 100\% = 91.02\%$。可见，经优化调整后，资源均衡性有了较大幅度的好转。

三、工期-成本优化

寻求最低成本的最佳工期安排，或按要求工期寻求最低成本的计划安排的过程。

1. 工程成本与工期的关系

工程总成本＝直接成本＋间接成本（图 12-56）。

2. 优化步骤

（1）按正常持续时间找出关键工作和关键线路；

（2）计算各项工作的成本率；

（3）找出成本率最低的一项或一组关键工作；

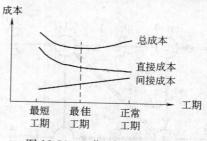

图 12-56　工期-成本关系曲线

（4）缩短所找出工作的持续时间（其所在线路不能变为非关键路线）；

（5）计算成本增加值；

（6）计算总成本：考虑工期变化带来的间接成本、其他损益（罚款、奖金、利息、提前投产收益等）；

（7）重复以上步骤，至总成本最低或满足工期要求为止。

【例 11】　已知网络计划如图 12-57 所示，图中箭线下方或右侧括号外数字为正常持续时间，括号内为最短持续时间；箭线上方或左侧括号外数字为正常直接成本，括号内为最短时间直接成本。间接成本率为 0.7 万元/d，试对其进行时间成本优化。

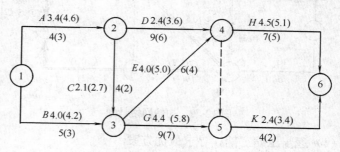

图 12-57　例 11 的网络计划

注：成本单位：万元；时间单位：d。

【解】

（1）用标号法找出网络计划中的关键线路并求出计算工期

如图 12-58 所示，关键线路为 $ACEH$ 和 $ACGK$，计算工期为 21d。

（2）计算工程总直接成本和总成本

工程总直接成本：

$$\sum C_{i-j}^{D}=3.4+4.0+2.1+2.4+4.0+4.4+4.5+2.4=27.2\text{（万元）}$$

工程总成本：

$$C_{21}^{T}=\sum C_{i-j}^{D}+a^{ID}\cdot t=27.2+0.7\times21=41.9\text{（万元）}$$

（3）计算各项工作的直接成本率

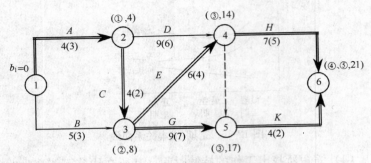

图 12-58　网络计划的工期和关键线路

$$a_{1-2}^{\mathrm{D}}=\frac{CC_{1-2}-CN_{1-2}}{DN_{1-2}-DC_{1-2}}=\frac{4.6-3.4}{4-3}=1.2（万元/d）；$$

$$a_{1-3}^{\mathrm{D}}=\frac{4.2-4.0}{5-3}=0.1（万元/d）；$$

……；依此类推，将计算结果标于水平箭线上方或竖向箭线左侧括号内，见图 12-59。

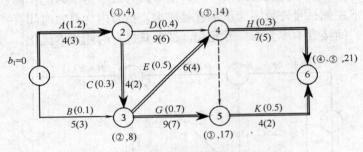

图 12-59　初始网络计划

（4）逐步压缩工期，寻求最优方案

1）进行第一次压缩

有两条关键线路 $ACEH$ 和 $ACGK$，直接成本率最低的关键工作为 C，其直接成本率为 0.3 万元/d（以下简写为 0.3），小于间接成本率 0.7 万元/d（以下简写为 0.7）。尚不能判断是否已出现优化点，故需将其压缩。现将 C 压至最短持续时间 2，找出关键线路，如图 12-60 所示。

由于 C 被压缩成了非关键工作，故需将其松弛，使之仍为关键工作，且不影响已形成的关键线路 $ACEH$ 和 $ACGK$。第一次压缩后的网络计划如图 12-61 所示。

2）进行第二次压缩

现已有 ADH、$ACEH$ 和 $ACGK$ 三条关键线路。共有 7 个压缩方案：

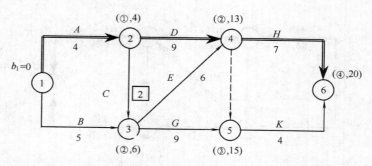

图 12-60 将 C 压至最短持续时间 2 时的网络计划

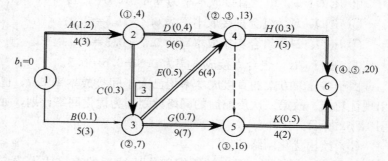

图 12-61 第一次压缩后的网络计划

① 压 A，直接成本率为 1.2；

② 压 C、D，组合直接成本率为 $0.3+0.4=0.7$；

③ 压 C、H，组合直接成本率为 $0.3+0.3=0.6$；

④ 压 D、E、G，组合直接成本率为 $0.4+0.5+0.7=1.6$；

⑤ 压 D、E、K，组合直接成本率为 $0.4+0.5+0.5=1.4$；

⑥ 压 G、H，组合直接成本率为 $0.7+0.3=1.0$；

⑦ 压 H、K，组合直接成本率为 $0.3+0.5=0.8$。

采用直接成本率和组合直接成本率最小的第 3 方案，即压 C、H，组合直接成本率为 0.6，小于间接成本率 0.7，尚不能判断是否已出现优化点，故应继续压缩。由于 C 只能压缩 1d，H 随之只可压缩 1d。压缩后，用标号法找出关键线路，此时关键线路只有 ADH 和 $ACGK$ 两条。第二次压缩后的网络计划如图 12-62 所示。

3）进行第三次压缩

如图 12-62 所示，由于 C 的成本率已变为无穷大，故只有 5 个压缩方案：

① 压 A，直接成本率为 1.2；

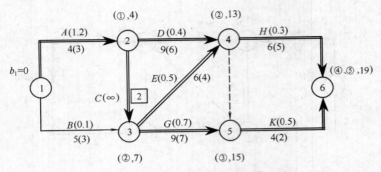

图 12-62　第二次压缩后的网络计划

② 压 D、G，组合直接成本率为 $0.4+0.7=1.1$；

③ 压 D、K，组合直接成本率为 $0.4+0.5=0.9$；

④ 压 G、H，组合直接成本率为 $0.7+0.3=1.0$；

⑤ 压 H、K，组合直接成本率为 $0.3+0.5=0.8$。

由于各压缩方案的直接成本率均已大于间接成本率 0.7，已出现优化点。故第二次压缩后的网络计划即为优化网络计划，如图 12-62 所示。

（5）绘出优化网络计划

如图 12-63 所示。图中被压缩工作压缩后的直接成本确定如下：

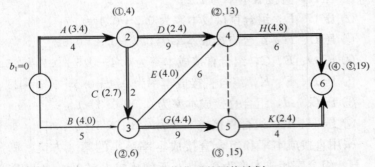

图 12-63　优化后的网络计划

1）工作 C 已压至最短持续时间，直接成本为 2.7 万元；

2）工作 H 压缩 1d，直接成本为：$4.5+0.3\times1=4.8$（万元）

（6）计算优化后的总成本

$$C_{19}^{T}=\sum C_{i-j}^{D}+a^{ID}\cdot t=(3.4+4.0+2.7+2.4+4.0+4.4+4.8+2.4)+0.7\times19=28.1+13.3=41.4（万元）$$

总成本较优化前减少了 $41.9-41.4=0.5$（万元）。

第六节 应用案例

一、现浇剪力墙住宅楼结构标准层流水施工网络计划

某现浇钢筋混凝土剪力墙高层住宅楼，主体结构施工时，每层分为四个流水段，墙体采用大模板施工。其结构标准层主要包括绑扎墙体钢筋、安装墙体大模板、浇筑墙体混凝土、拆大模板、支楼板模板、绑扎楼板钢筋、浇筑楼板混凝土七个主要施工过程。其中扎墙体钢筋、安装大模板、支楼板模板、绑扎楼板钢筋四项为主导施工过程。墙体大模板拆除及安装均由安装队完成，考虑周转要求，清晨拆除前一段后再进行本段的安装，而拆除墙模的施工段即可安装楼板模板。墙体及楼板混凝土浇筑均安排在晚上进行。

其时标网络计划见图 12-64。

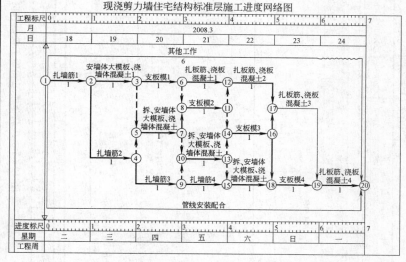

图 12-64　结构标准层施工时标网络计划

二、某综合楼工程控制性网络计划

某综合楼占地面积 1725m²，地下 1 层，地上 8 层，总建筑面积 15600m²。基础为钢筋混凝土筏板基础，地下室埋深 −4.8m。结构为框架-剪力墙体系。填充墙采用轻质混凝土空心砌块。屋面采用细石混凝土刚性防水和 SBS 改性沥青防水卷材防水，上铺防滑地砖。外墙面砖饰面，局部玻璃幕墙和铝合金通窗。乳胶漆内墙，铝合金龙骨岩棉板吊顶。首层及多功能厅铺设大理石地面，其余楼地面铺设玻化砖。合同工期为 360d。

其控制性网络计划见图 12-65。

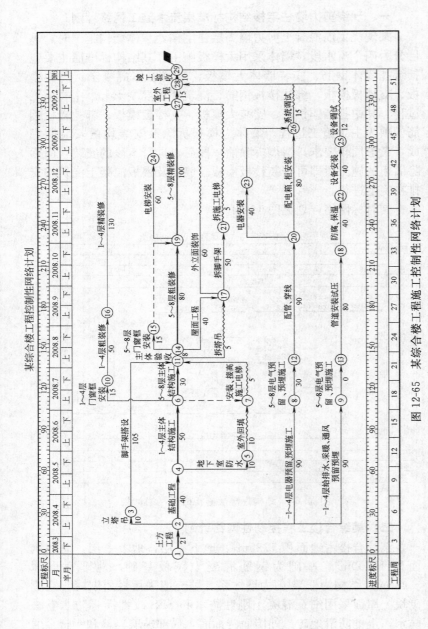

图 12-65 某综合楼工程施工控制性网络计划

第十三章 单位工程施工组织设计

第一节 概 述

一、单位工程施工组织设计的作用与任务

1. 作用

落实施工准备，保证施工有组织、有计划、有秩序地进行，实现质量好、工期短、成本低和安全、高效。

2. 任务

(1) 贯彻施工组织总设计及施工合同要求；

(2) 拟定施工部署、选择施工方法，落实建设意图；

(3) 编制施工进度计划，确保工期目标的实现；

(4) 确定各种资源的配置计划，为调度、安排提供依据；

(5) 合理布置施工场地，保证施工顺利、安全地进行；

(6) 制定实现进度、质量、成本和安全目标的保证计划，为施工项目管理提出技术和组织方面的指导性意见。

二、单位工程施工组织设计的内容

1. 编制依据；

2. 工程概况；

3. 施工部署；

4. 主要施工方案；

5. 施工进度计划；

6. 施工准备与资源配置计划；

7. 施工现场平面布置；

8. 主要管理计划。

据工程情况：

(1) 简略（常干、简单的、子项目）；

(2) 详细（新的、复杂的）。

三、编制程序

见图 13-1。

四、编制依据（9 种）

包括：法规、标准、批文、合同、图纸、现场条件、资源状

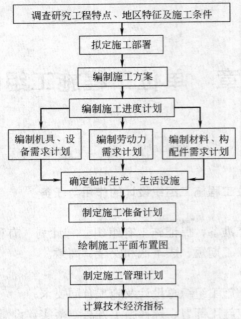

图 13-1　单位工程施工组织设计的编制

况、企业能力、施组总设计。

在设计书中必须明确的依据：

（1）本单位工程的施工合同、设计文件；

（2）与工程建设有关的国家、行业和地方的法律、法规、规范规程、标准、图集；

（3）施工组织总设计；

（4）企业技术标准等。

五、工程概况的编写

（一）形式

文字或表格，最好配有简要图纸。

（二）编写目的

1. 编制者心中有数，以便合理选择方案，提出相应措施；

2. 审批人了解情况，以判断方案可行、合理、经济、先进性。

（三）内容

1. 工程基本情况

工程名称、建设单位；建设地点；工程性质、用途；资金来源及造价；开竣工日期；设计单位、监理单位、施工单位；上级有关文件或要求；施工图纸情况；施工合同签订情况等。

2. 设计特点及主要工作量

（1）建筑：面积、层数、层高及总高；平面形状及尺寸；功能；室内外主要装饰等。

（2）结构：基础形式及埋深；结构类型；主要构件的材料及类型；抗震设防情况等。

（3）设备：系统构成、种类、数量。

（4）主要工作量、工程量（列表）。

3. 施工条件

位置、地形、工程地质、水文地质条件；当地气温、风力、主导风向，雨量、冬雨季时间，冻层深度等；"三通一平"情况；场地周围环境；交通运输条件；劳动力、材料、构件、加工品、机械供应和来源；施工技术和管理水平；现场暂设工程的解决办法等。

4. 工程施工特点

施工的重点、难点、关键问题。从工程量、工期、结构复杂、装饰质量、施工条件、地点特征、资金等方面找出。

第二节　施工部署与施工方案

一、施工部署

施工部署包括：①确定项目组织机构及岗位职责；②制定施工管理目标；③确定施工展开程序；④确定时间和空间安排。

（一）确定项目组织机构及岗位职责

主要包括：确定组织机构形式、确定组织管理层次、制定岗位职责，选定管理人员等。见图 13-2。

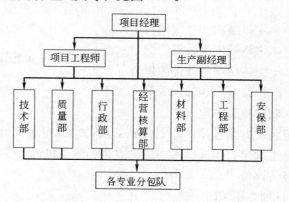

图 13-2　某单位工程施工组织机构图

（二）制定施工管理目标

1. 主要包括：工期、质量、安全目标；文明施工、消防、环境保护等管理目标。

2. 要求：必须满足或高于合同目标。

（三）确定施工展开程序

指各分部、各专业、各施工阶段的施工先后关系。

1. 一般工程应遵循的程序原则

"先地下后地上"；"先主体后围护"；"先结构后装饰"；"先土建后设备"。

2. 工业厂房土建与生产设备的施工程序

（1）先土建后设备（封闭安装）——一般厂房；

（2）先设备后土建（敞开安装）——重工业（冶金、发电）；

（3）设备与土建同时能互相创造条件者。

某高层住宅楼施工展开程序安排，如图 13-3 所示。

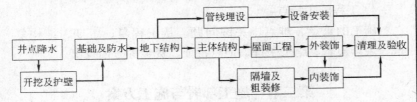

图 13-3　某高层住宅楼施工展开程序安排

（四）确定时间和空间安排

确定各分部工程的开始、完成时间，搭接关系等。

要求：空间占满，时间连续，均衡协调，留适当余地。

一般房屋建筑工程可分为：基坑工程、地下结构、主体结构、二次结构、屋面工程、外装修、内装修（粗装、精装）等几大阶段。

其中：主体结构和二次结构

主体结构和设备管线

主体结构和装饰装修　　　　常搭接作业和交叉施工

设备安装和装饰装修

二、制定施工方案

制定施工方案包括：①划分施工段；②确定施工起点流向；③确定施工顺序；④选择主要施工方法和施工机械；⑤施工方案的技术经济评价。

（一）划分施工段

1. 分段注意

（1）符合分段原则（见第十一章）；

（2）各阶段：可采用不同分段；基础工程宜少分段；主体按

主导施工过程分段；装饰以层分段或每层再分段。

2. 几种常见建筑的分段

（1）多层砖混住宅

1）结构：2～3 个单元为 1 段，每层分 2～3 段以上；

2）外装饰：按脚手架步数分层，每层分 1～2 段；

3）内装饰：每单元为 1 段或每层分 2～3 段。

（2）单层工业厂房

1）基础：按模板配置量分段；

2）构件预制：分类、分跨，考虑模板量分段；

3）吊装：按吊装方法和机械数量考虑；

4）围护结构：按墙长对称分段，与脚手架、圈梁、雨棚等配合；

5）屋面：分跨或以伸缩缝分段；

6）装饰：自上至下或分区进行。

（3）大模板施工高层住宅

1）基础：不分或少分段；

2）主体结构：每层不宜少于四个施工段。

（4）路基路面

1）路面基层：每段长度不得少于 150m；

2）水泥稳定土基层：每段长度以 200m 为宜；

3）沥青混凝土路面：按摊铺设备及材料供应能力分段。

某办公楼结构施工分段示意，如图 13-4 所示。

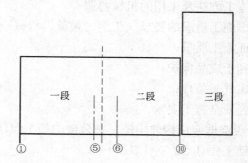

图 13-4 某办公楼结构施工分段示意

（二）确定施工起点流向

1. 施工起点流向，指在平面或竖向空间开始施工的部位及其流动方向。

2. 确定时应考虑的因素：

（1）建设单位的要求；

（2）施工的难易、繁简程度；

（3）构造合理、施工方便；

（4）保证工期和质量。

3. 高层建筑装饰装修流向示例：见图13-5。

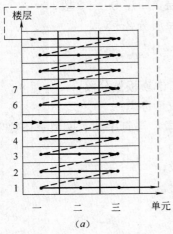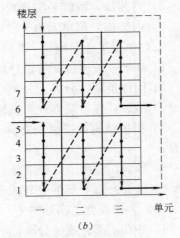

图 13-5 房屋建筑室内装饰装修分区向下的流向

（*a*）水平向下；（*b*）垂直向下

（三）确定施工顺序

施工顺序是指各分项工程间的先后顺序和搭接关系。

1. 确定施工顺序的原则

（1）符合施工工艺及构造要求；

（2）与施工方法及采用的机械协调；

（3）考虑施工组织的要求（工期、人员、机械）；

（4）保证施工质量；

（5）有利于成品保护；

（6）考虑气候条件；

（7）符合安全施工要求。

2. 一般现浇框架结构教学楼、办公楼的施工顺序

（1）基础工程（±0.000 以下）

定位放线→挖土（柱基坑、槽或大开挖）→打钎、验槽→（地基处理）→浇混凝土垫层→扎柱基钢筋及柱子插铁→支柱基模板→浇筑基础混凝土→养护、拆柱基模板→支地梁模板→扎地梁钢筋→浇地梁混凝土→养护、拆地梁模板→砌墙基→（暖气沟施工）→肥槽及房心填土。

（2）主体结构工程

抄平、放线→扎柱筋→支柱模→浇柱混凝土→养护、拆柱

模→支梁底模→扎梁筋→支梁侧模、板模→扎板底层筋→设备管线预埋敷设→扎板上层筋→隐检验收→浇梁、板混凝土→养护→拆梁、板模。

（3）装饰装修阶段各工序间的顺序：

一般宜先室外后室内。

1）室外装饰：自上而下先施工里层，再自上而下进行面层施工。采用落地脚手架时，面层施工应随脚手架逐步拆除进行，最后完成勒脚、台阶、散水。

2）室内装饰，如图 13-5 所示。

3）某办公楼装饰施工顺序：砌围护墙及隔墙→安钢门框、窗衬框→外墙抹灰→养护、干燥→拆脚手架及外墙涂料施工→室内墙面抹灰→安室内门框或包木门口→铺贴楼地面砖→养护→吊顶安装→安装塑料窗→木装饰→顶、墙腻子、涂料→安门扇→木制品油漆→检查整修。

（4）屋面工程的顺序：

一般屋面：铺设找坡层→铺保温层→铺抹找平层→养护、干燥→涂刷基层处理剂→铺防水层→检查验收→做保护层。

3. 一般高速公路工程的施工顺序

（1）箱涵工程：测量放线→土方开挖→垫层→底板钢筋→支设底板模板→浇底板混凝土→支设内模→墙、顶钢筋绑扎→支设外模→浇筑混凝土→回填土→锥坡及洞口铺砌。

（2）钢筋混凝土中桥工程：测量放线→钻孔灌注桩基础→墩柱→桥台、盖梁→支座安装→预制空心板吊装→湿接头绑筋→混凝土浇筑→桥面混凝土铺装层施工→护栏。

（3）路基路面工程：测量放线→基底处理→路堑开挖及路基填筑→通信管道施工→石灰土底基层摊铺辗压→混合料基层摊铺辗压→养护 7d→透层、封层处理→铺压底面层→铺压上面层→边坡防护及排水设施。

（四）施工方法和施工机械的选择

1. 基本要求

（1）以主要分部分项工程为主（工程量大、工期长、重要的；新工艺、新技术、新结构、质量要求高的；特殊结构、不熟悉、缺乏经验的）；

（2）符合总设计的要求；

（3）满足施工工艺及技术的要求（如：机械型号）；

（4）提高工厂化、机械化程度（如：混凝土构件、预制磨石、钢筋加工）；

（5）满足可行、合理、经济、先进的要求（分析、比较、计算）；

（6）满足质量、安全、工期要求。

2.选择施工方法的对象

（1）测量放线

1）测量仪器的种类、型号与数量；

2）测量控制网的建立方法与要求；

3）平面定位、标高控制、轴线引测、沉降观测方法与精度要求；

4）测量管理（如交验手续、复合、归档制度等）方法与要求。

（2）土石方与地基处理工程

1）土方开挖的方法、机械型号及数量、开挖流向、层厚等；

2）放坡要求或土壁支撑方法、排降水方法及所需设备；

3）石方的爆破方法及所需机具、材料；

4）土石方的调配、存放及处理方法；

5）土石方填筑的方法及所需机具、质量要求；

6）地基处理方法及相应的材料、机具设备等。

（3）基础工程

1）基础的垫层、基础砌筑或混凝土基础的施工方法与技术要求；

2）大体积混凝土基础的浇筑方案、设备选择及防裂措施；

3）桩基础的施工方法及施工机械选择；

4）地下防水的施工方法与技术要求等。

（4）混凝土结构工程

1）钢筋加工、连接、运输及安装的方法与要求；

2）模板种类、数量及构造，安装、拆除方法，隔离剂的选用；

3）混凝土拌制和运输方法、施工缝设置、浇筑顺序和方法、分层高度、工作班次、振捣方法和养护制度等。

（5）结构安装工程

1）吊装方法，安排吊装顺序、机械布置及行驶路线；

2）构件的制作及拼装、运输、装卸、堆放方法及场地要求；

3）机具、设备型号及数量，提出对道路的要求等。

（6）现场垂直、水平运输

1）计算垂直运输量（总量、标准层量）；

2）确定不同施工阶段垂直运输及水平运输方式、设备的型号及数量、配套使用的专用工具设备（如砖车、砖笼、吊斗、混凝土布料杆、卸料平台等）；

3）确定地面和楼层上水平运输的行驶路线，布置垂直运输设施的位置；

4）综合安排各种垂直运输设施的任务和服务范围。

（7）脚手架及安全防护

1）确定各阶段脚手架的类型，搭设方式，构造要求及搭设、使用要求；

2）确定安全网及防护棚等设置。

（8）屋面及装饰装修工程

1）屋面材料的运输方式，屋面各分项工程的施工操作及质量要求；

2）装饰装修材料的运输及储存方式；

3）装饰装修工艺流程和劳动组织、流水方法；

4）主要装饰装修分项工程的操作方法及质量要求等。

（9）特殊项目

1）采用新结构、新材料、新技术、新工艺；

2）高耸或大跨结构、重型构件以及水下施工、深基础和软弱地基等项目，应按专项单独编制施工方案；

3）对深基坑支护、降水，以及爆破、高大或重要模板及支架、脚手架、大体积混凝土、结构吊装等，应进行相应的设计计算，以保证方案的安全性和可靠性。

3. 机械选择

（1）选择的内容：类型、型号、数量。

（2）选择的原则：可行、经济、合理。

（3）主要考虑：

1）适用性（以适应主导工程为主，兼顾其他）；

2）协调性（相互配套，与人员的生产能力协调）；

3）通用性（类型和型号应尽可能少，适当利用多功能机械）；

4）经济性（首选本单位现有机械，租赁或购买应进行技术经济分析）。

（五）施工方案的技术经济评价

1. 定性分析评价

（1）实施的难易程度、可靠性、可行性；

（2）机械获得的可能性，能否充分发挥作用；

（3）劳动力（尤其是特殊专业工种）能否满足需要；

（4）对冬、雨期施工的适应性；

（5）实现文明施工的可能性；

（6）为后续工程创造有利条件的可能性；

（7）质量保证措施的可靠性。

2. 定量分析评价

（1）多指标分析法；

（2）综合指标分析法。

第三节　施工计划的编制

一、施工进度计划

（一）概述

1. 作用

（1）指导现场施工的安排；

（2）确保施工进度和工期；

（3）是编制资源配置、施工准备计划及布置现场的依据。

2. 分类

（1）控制性计划：控制分部工程的施工时间、配合与搭接关系；用于：大型、复杂、工期长、资源供应不落实、设计可能变化。

（2）指导性计划：确定分项工程的施工时间、配合与搭接关系；用于：任务明确、施工条件及资源供应基本满足、工期不太长。

（3）实施性计划：确定施工过程的施工时间、配合与搭接关系；用于：具体指导施工作业（如：旬、周滚动计划）。

3. 形式

（1）图表（横道、垂直）：形象直观地表示各工序的工程量，劳动量，施工班组的工种、人数，施工的延续时间、起止时间。

（2）网络图：表示出各工序间的相互制约、依赖的逻辑关系，关键线路等。

4. 编制依据

（1）各种有关图纸；（2）总设计；（3）开竣工日期；（4）气象资料、施工条件；（5）施工方案；（6）预算文件；（7）施工定额；（8）施工合同等。

（二）施工进度计划的编制步骤

1. 划分项目

要求：

（1）粗细取决进度计划的类型（控制——粗，指导——细）。

（2）适当合并，简明清晰：

1）工程量过小者不列（如指导性计划中：防潮层）；

2）较小量的同一构件几个项目合并（如圈梁含扎筋、支模、浇混凝土）；

3）同一工种同时或连续施工的合并（如支梁侧模及板模）。

（3）依据施工方案。

（4）不占工期的间接施工过程不列（如构件运输）。

（5）设备安装单独列项。

（6）按施工的先后顺序列项。

2. 计算工程量

要求：

（1）工程量单位与定额一致；

（2）与方案的施工方法一致（土方：挖坑、槽，大开挖，放坡等）；

（3）分层分段流水时，要分层分段计算（若各层段大致相等时，可只算一段，再乘层段数）；

（4）利用预算文件时，要适当摘抄、汇总或重算（单位不同、项目不同、规则不同）；

（5）合并项目中各项应分别计算（外墙水刷石、干粘石等）；

（6）其他及水、电、设备安装等可不算或由承包队算。

3. 计算劳动量及机械台班量 P：

$$P=Q/S=QH \qquad （工日或台班）$$

注意：

（1）实际工作中，所用定额应参照国家、地区定额，并结合本单位实际情况（工人技术等级构成、现场条件、技术装备水平），研究确定出本工程的定额水平。

（2）合并施工项目的处理方法：

1）其中各项分别计算后将劳动量（台班量）汇总；

2）其中各项是同一工种施工的，求出其平均定额：

① 平均产量定额： $S_p=\dfrac{\sum Q}{\sum P}=\dfrac{Q_1+Q_2+\cdots+Q_n}{Q_1/S_1+Q_2/S_2+\cdots+Q_n/S_n}$

② 平均时间定额： $H_p=\dfrac{\sum P}{\sum Q}=\dfrac{Q_1H_1+Q_2H_2+\cdots+Q_nH_n}{Q_1+Q_2+\cdots+Q_n}$

4. 确定持续时间 T_i

方法1：先定人员或机械数量及班制：

$$T_i = P_i / (R_i \times N_i)$$

式中 R_i——人：考虑现有情况、现场条件、工作面、劳动组合；

机：考虑现有及获得情况、工作面、效率、修、养；

N_i——工作班制（常取一班制）。

当工期紧、为提高机械使用率、必须连续施工、为流水施工创造条件，可多班制。

注意：当 T_i 太长（工期不允许）或太短时（没必要）时，应调整 R_i 或 b_i，直至符合工期或合理可行。

方法 2：先确定延续时间，再计算人数或机械台数： $R_i = P_i / (T_i \times N_i)$

要求：计算出 R_i 后，要进行可获得情况、现场条件、工作面、最小劳动组合、机械效率等方面分析研究，采取合理措施或进行调整。

注意：工作班组与机械配合施工时，计算出 T_i 后，必须验算机械配合能力。

方法 3：无定额可查或受施工条件影响较大者，可采用"三时估计法"（见第十一章）。

5. 编制施工进度计划表或网络图

（1）编制横道图计划

1）填写项目名称及计算数据（表 13-1）

施工进度计划表　　　　　　　　表 13-1

序号	工程名称		工程量		时间定额	劳动量		机械量		工作班制	每班人（机）数	持续时间	施工进度					
	分部	分项	数量	单位		工种	工日数	型号	台班数				××××年×月					×月
													2 4 6 8 10 12 14 16 18 20 22 24 26 28 …					
1																		
2																		
3																		
…																		

2）初排施工进度

要求：

① 按分部分项工程的顺序进行，一般采用分别流水，力争在某一分部或某些分项工程中组织节奏流水；

② 分层分段画进度线；

③ 各工序间连接施工或搭接施工（据工艺上、技术上、组织安排上的关系）；

④ 尽量使主要工种连续作业，避免出现冲突现象；

⑤ 注意技术间歇及劳动力的均衡性。

3）检查与调整

① 检查内容：

a. 总工期；

b. 技术、工艺、组织上是否合理；

c. 延续时间、起止时间合理否；

d. 有立体交叉或平行搭接者在工艺、质量、安全上是否正确；

e. 技术与组织上的停歇时间是否考虑了；

f. 有无劳动力、材料、机械使用过分集中或冲突现象。

② 修改与调整需注意：

a. 修改或调整某一项可能影响若干项；

b. 修改或调整后工期要合理，且要符合方案或工艺要求；

c. 流水施工各参数应符合要求；

d. 进度计划应积极可靠、留有余地，以便执行中能修改与调整。

（2）编制网络计划

1）编制项目表：包括：名称、工程量、劳动量、工种、人数、延续时间及节拍。

2）绘制网络图：单代号、双代号或时标网络图。

3）计算时间参数。

4）进行优化调整。

二、资源配置计划

（一）劳动力配置计划

据进度计划统计每天所需工种及人数，按天（或旬、月）编计划。

（二）主要材料配置计划

1. 编制依据：按进度计划或施工预算中的工程量。

2. 内容：列出名称、规格、数量、所需时间。

（三）构件配置计划

1. 种类：钢筋混凝土、木、钢构件，混凝土制品等。

2. 编制依据：施工图纸、进度计划、储备要求、现场条件。

3. 内容：品种、规格、图号、需要量、使用部位、加工单位、供应日期。

（四）施工机具、设备配置计划

1. 编制依据：施工方案和进度计划。

2. 内容：提出机械、机具的名称、规格、型号、数量、使用的起止时间。

第四节　施工准备与平面布置

一、施工准备

1. 编制依据

施工部署、施工进度计划和资源配置计划。

2. 主要作用

是施工前各项准备工作、现场布置的依据。

3. 编制内容：技术准备、现场准备和资金准备等。

（1）技术准备：

1）图纸准备（学习与会审、深化设计等）、技术资料准备。

2）施工计量、测量器具配置计划。

3）技术工作计划（如：施工方案编制计划、试验检验工作计划、样板项和样板间制作、技术培训计划等）。

4）新技术项目推广计划（即新技术、新工艺、新材料、新设备等"四新"项目在本工程中推广应用计划）。

5）测量方案（如高程引测、建筑物定位、变形观测等）。

（2）现场准备：生产、生活临时设施等。

（3）资金准备：编制资金使用计划。

二、施工现场平面布置

（一）设计的意义

1. 是安排布置现场的依据；

2. 是有计划、有组织和顺利施工的重要条件；

3. 是安全、文明施工、加强现场管理的基础；

4. 是提高效率、加快进度、取得良好效益的保证。

（二）要求

1. 分阶段绘图（基础、结构、装饰，布置内容不同）；

2. 要考虑各施工阶段的变化和发展需要（水电管线、道路、房屋、仓库不要轻易变动）；

3. 土建与设备安装共同协商，防止相互干扰；

4. 比例：一般 1 :（200~500）。

（三）设计内容

1. 已建、拟建的建筑物、构筑物及管线；

2. 测量放线标桩、地形等高线；

3. 垂直运输机械的位置、开行路线、控制范围；

4. 构件、材料、加工半成品及施工机具的堆场；

5. 生产、生活临时设施（搅拌站，输送泵站，加工棚，仓库，办公，道路，水电管线；宿舍、食堂；消防及安全设施等）；

6. 必要的图例、比例尺，方向及风向标记。

（四）设计依据

1. 原始资料：自然条件、技术经济条件；

2. 建筑设计资料：总平面图、管道位置图等；

3. 施工资料：施工方案、进度计划、资源需要量计划、业主能提供的设施；

4. 技术资料：定额、规范、规程、规定等。

（五）设计原则

1. 布置紧凑，少占地；

2. 缩短运距，减少二次搬运；

3. 尽量少建临时设施，节约费用；

4. 所建临设要方便生产和生活使用；

5. 符合安全、防火、文明施工等要求。

经过多个方案比较，找出最合理、安全、经济、可行的布置方案。

（六）设计的步骤与要求

1. 场地基本情况

（1）场地的形状尺寸；

（2）已建和拟建建筑物或构筑物；

（3）已有的水源、电源及管线、排水设施；

（4）已有的场内、场外道路，围墙；

（5）施工需予以保护的树木、房屋及其他设施等。

2. 起重及垂直运输机械的布置

（1）起重机的布置

位置、开行路线或塔道、控制范围、有关数据。

（2）固定式垂直运输设备

1）井架、门架、外用电梯位置要求：

① 使地面及楼面上的水平运距最小或运输方便；

② 减少砌墙时留槎和以后的修补工作；

③ 应避开塔吊搭设，保证施工安全。

2）卷扬机位置要求：

① 应尽量使钢丝绳不穿越道路；

② 司机视线好；

③ 距井架或门架的距离不宜小于15m，且不小于吊盘上升

的最大高度；

④ 距拟建工程也不宜过近；

⑤ 距前一个导向滑轮不得小于卷筒长度的 20 倍。

（3）混凝土输送泵及管道

1）输送泵：应设置在供料方便、配管短、水电供应方便处。

2）管道布置：

① 应尽量减少管道长度，少用弯管和软管。

② 垂直向上的运输高度较大时，应使地面水平管的长度不小于垂直管长度的 1/4，且≥15m，否则应设截止阀。

③ 倾斜向下输送时，应通过设弯管、环形管等，防止停泵时混凝土坠流而使泵管进气。

3. 布置运输道路

（1）形状：环状、"U"状为好，"一"形端部有回车场；

（2）路面宽度：单车道 3～4m；双车道 5.5～6m；消防车道≥4m；

（3）转弯半径：单车道 9～12m，双车道≥7m；

（4）路面高度：高于场地 100～150mm。雨季起脊，两侧设排水沟。

4. 搅拌站、加工棚和构件、材料的布置

考虑运距、面积尺寸、间距、位置、数量。

（1）需用塔吊运输者，应在塔吊控制范围内；

（2）原材料位置应在路边，以便进场、卸车；

（3）各种棚、房尽量躲开塔吊，否则搭防护棚；

（4）原材料堆场与其加工棚、成品堆场宜相邻，以减少搬运距离；

（5）面积、尺寸、存放数量应满足使用要求。

5. 临时房屋

要求：

（1）面积据进度计划中高峰期人数及面积定额确定；

（2）生产性、生活性适当分开；

（3）使用方便、不妨碍施工；

（4）尺寸适当（如宿舍每间≤30m²，其他≤100m²）；

（5）符合安全防火要求。

6. 布置水电管网

（1）施工水网

1）管线的布置要求：

① 宜枝状布置，长度最短，通到各主要用水点；

② 宜暗埋，在使用点引出，并设置龙头及阀门；

③ 管线不得妨碍在建或拟建工程，转弯宜为直角。

2）消火栓

① 一般现场：消火栓应与主管相连，管径≥DN100；消火栓间距≤120m，距房屋或其他使用点 5～25m，距路边≤2m，宜在转弯处；消火栓周围 3m 之内不能有任何堆物，并设明显标志。

② 高层建筑施工：需设蓄水池、消防水泵及 2 根以上消防竖管（≥DN100）；消防水泵应不少于两台；每个楼层均应设消火栓，其间距不大于 30m。

3）地面水和地下水的排除。

（2）施工供电布置

1）线路宜布置在围墙边或路边。架空设置时电杆间距 25～35m，距路面高度≥4m；距建筑物或脚手架≥4m，距塔吊所吊物体的边缘≥1.5m。

2）不能满足上述要求或在塔吊控制范围内，宜埋设电缆，深度不小于 0.7m，电缆上下均需铺 50mm 厚细砂，并覆盖砖等硬质保护层后再覆土，穿越道路或引出处须加防护套管。

3）各用电器应单独设置开关箱。开关箱距用电器不得超过 3m，距分配电箱不超过 30m。

4）变压器：布置在现场边缘高压线接入处，远离交通要道口，四周设置围栏。

第五节　施工管理计划与技术经济指标

一、施工管理计划

（一）进度管理计划

主要包括：

（1）对进度计划逐级分解，以实现阶段目标，保最终目标；

（2）建立进度管理的组织机构，制定管理制度；

（3）制定进度管理措施（包括：组织、技术、合同措施等）；

（4）建立动态管理机制，及时纠正进度偏差，并制定特殊情况下的赶工措施；

（5）根据项目周边环境特点，制定相应的协调措施，减少外部因素对施工进度的影响。

（二）质量管理计划

主要内容包括：

（1）按项目要求，确定质量目标并进行目标分解；

（2）建立质量管理组织机构并明确职责；

（3）制定技术和资源保障措施、防控措施；

（4）建立质量过程检查制度，并对质量事故的处理做出相应规定。

（三）安全管理计划

针对项目具体情况，建立安全管理组织，制定相应的管理目标、管理制度、管理控制措施和应急预案等。

主要包括：

（1）确定重要危险源，制定项目职业健康安全管理目标；

（2）建立项目安全管理组织机构并明确职责；

（3）进行职业健康安全方面的资源配置；

（4）建立安全生产管理制度和安全教育培训制度；

（5）针对重要危险源，制定相应的安全技术措施；

（6）制定相应的季节性安全施工措施；

（7）建立现场安全检查制度，并对安全事故的处理做出相应规定。

（四）环境管理计划

针对常见的大气污染、垃圾污染、施工机械的噪声和振动、光污染、放射性污染、生产及生活污水排放等，编制环境管理计划。

主要内容包括：

（1）确定项目重要环境因素，制定项目环境管理目标；

（2）建立项目环境管理的组织机构并明确职责；

（3）根据项目特点，进行环境保护方面的资源配置；

（4）制定现场环境保护的控制措施；

（5）建立现场环境检查制度，并对环境事故的处理做出相应规定。

（五）成本管理计划

以项目施工预算和施工进度计划为依据编制。

主要内容包括：

（1）根据项目施工预算，制定项目施工成本目标；

（2）根据施工进度计划，对成本目标进行阶段分解；

（3）建立成本管理的组织机构并明确职责，制定相应管理制度；

（4）采取合理的技术、组织和合同等措施，控制成本；

（5）确定科学的成本分析方法，制定必要的纠偏措施和风险控制措施。

二、技术经济指标

1. 总工期——反映组织能力与生产力水平。

与定额规定工期、同类工程工期比较。

2. 单方用工——反映企业的生产效率及管理水平。

$$总用工数 / 建筑面积　　（工日/m^2）$$

3. 质量优良品率——施工组织设计中确定的控制的目标。

4. 主要材料节约指标——施工组织设计中确定的控制的目标：

主要材料节约量＝预算用量－施工组织设计计划用量；

主要材料节约率＝主要材料计划节约额/主要材料预算金额。

5. 大型机械耗用台班数及费用——反映机械化程度和机械利用率。

（1）单方耗用大型机械台班数＝耗用台班数／建筑面积（台班/m^2）；

（2）单方大型机械费用＝计划大型机械费用/建筑面积（元/m^2）。

6. 降低成本指标——施组设计中确定的控制的目标。

（1）降低成本额＝预算成本－施组设计计划成本；

（2）降低成本率＝降低成本额/预算成本（％）。

第十四章 施工组织总设计

第一节 概 述

一、施工组织总设计的内容

1. 编制依据；

2. 工程概况；

3. 施工部署及主要项目施工方案；

4. 施工总进度计划；

5. 总体施工准备；

6. 主要资源配置计划；

7. 施工总平面布置；

8. 目标管理计划及技术经济指标。

二、作用

1. 确定设计方案施工的可能性和经济合理性；

2. 为建设单位编制基本建设计划提供依据；

3. 为施工单位编制年、季计划提供依据；

4. 为组织物资、技术供应提供依据；

5. 保证及时、有效地进行全场性施工准备工作；

6. 规划建筑生产和生活基地的建设。

三、编制程序

见程序图。

四、编制的主要依据

1. 计划文件及有关合同；

2. 设计文件及有关资料；

3. 施工组织纲要；

4. 现行规范、规程和有关规定；

5. 工程勘察和技术经济资料；

6. 类似项目的施组总设计和总结资料。

五、工程概况的编制内容

（一）工程项目的基本情况及特征

（二）承包的范围

（三）建设地区特征

（四）施工条件

（五）其他内容（有关本建设项目的决议、合同或协议；土地征用范围、数量和居民搬迁时间；需拆迁与平整场地的要求等）。

第二节 施工部署和施工方案

一、施工部署

（一）项目组织体系

（二）施工区域（或任务）的划分与组织安排

（三）施工控制总目标（单项工程的工期、成本、质量、安全、环境等目标）

（四）确定项目展开程序

（五）主要施工准备工作的规划

二、主要项目施工方案的拟定

方案内容：1. 确定施工起点流向；

2. 施工程序；

3. 主要施工方法和施工机械等。

第三节 施工总进度计划

一、列出工程项目一览表并计算工程量

二、确定各单位工程的施工期限

三、确定各单位工程的竣工时间和相互搭接关系

考虑因素：

1. 保证重点，兼顾一般；

2. 要满足连续、均衡施工的要求；

3. 要满足生产工艺要求；

4. 认真考虑施工总平面图的空间关系；

5. 全面考虑各种条件限制。

四、编制可行施工总进度计划

用进度表或网络图表示。

五、调整与修正，编制正式施工总进度计划

第四节　资源配置计划与总体施工准备

一、劳动力配置计划

二、物资配置计划

1. 材料、预制品；

2. 主要施工机具和设备；

3. 大型临时设施计划。

三、总体施工准备

第五节　全场性暂设工程

一、临时加工厂及作业棚（种类、结构、面积）

二、临时仓库与堆场（类型、储量、面积）

三、运输道路（种类、形式）

四、办公及福利设施（类型、面积）

五、工地供水组织

（一）类型：　生产、生活、消防

1. 确定用水量

（1）施工用水量 q_1：以施工高峰期用水量最大的一天计算。

$$q_1 = K_0 \sum (Q_1 \times N_1) \times K_1 / (n \times 8 \times 3600) \quad (L/s)$$

式中　K_0——未预计的施工用水系数（1.05～1.15）；

　　　Q_1——工种最大工程量（进度表查出）；

　　　N_1——工种工程用水定额（参考教材或施工手册）；

　　　K_1——施工用水不均衡系数（1.5）；

　　　n——每天工作班制。

（2）施工机械用水量 q_2：

$$q_2 = K_0 \times \sum (Q_2 \times N_2) \times K_2 / (8 \times 3600) \quad (L/s)$$

式中　Q_2——同种机械的台数；

　　　N_2——施工机械台班用水定额（教材或施工手册）；

　　　K_2——施工机械用水不均衡系数（2.0）。

（3）施工现场生活用水量 q_3：

$$q_3 = P_1 \times N_3 \times K_3 / (n \times 8 \times 3600) \quad (L/s)$$

式中　P_1——施工现场高峰昼夜人数（人）；

　　　N_3——施工现场生活用水定额（20～60L／人·班，视工
　　　　　　种、气候而定）；

　　　K_3——施工现场生活用水不均衡系数（1.3～1.5）。

（4）生活区生活用水量 q_4：

$$q_4 = P_2 \times N_4 \times K_4 / (24 \times 3600) \qquad (L/s)$$

式中　P_2——生活区居民人数（人）；

N_4——生活区用水定额（参考教材或施工手册）；

K_4——生活区用水不均衡系数（2～2.5）。

（5）消防用水量 q_5：（教材或施工手册）。

（6）总用水量 Q 的计算：

当 $(q_1 + q_2 + q_3 + q_4) \leqslant q_5$ 时，取 $Q = q_5 + (q_1 + q_2 + q_3 + q_4)/2$

当 $(q_1 + q_2 + q_3 + q_4) > q_5$ 时，取 $Q = q_1 + q_2 + q_3 + q_4$

当工地面积小于 $5hm^2$，且 $(q_1 + q_2 + q_3 + q_4) < q_5$ 时，取 $Q = q_5$。

（7）总用水量取值：$Q_z = 1.1Q$，以补偿不可避免的水管漏水损失。

2. 选择水源

（1）市政供水管道；

（2）天然水源。

3. 确定供水系统

（1）确定取水设施—进水装置、进水管、水泵；

（2）确定储水构筑物—水池、水塔、水箱；

（3）确定供水管径：

$$D = [4Q_z \times 1000/(\pi V)]^{1/2}$$

式中　D——给水管的内径（mm）；

V——管网中水的流速（1.2～1.5 m/s）。

（4）选择管材：

1）干管—钢管或铸铁管；

2）支管—钢管。

（二）工地供电组织

1. 用电量计算

总用电量为：

$$P = 1.05 \sim 1.1 [K_1(\sum P_1 / \cos\phi) + K_2 \sum P_2 + K_3 \sum P_3 + K_4 \sum P_4] \quad (kVA)$$

式中　P_1——电动机额定功率（kW）；

P_2——电焊机额定容量（kVA）；

P_3——室内照明容量（kW）；

P_4——室外照明容量（kW）；

$\cos\phi$——电动机平均功率因数（0.65～0.75）；

K_1——电动机同时使用系数（3～10 台：0.7；11～30
台：0.6；30 台以上：0.5）；

K_2——电焊机同时使用系数（3～10 台：0.6）；

K_3、K_4——室内、室外照明需要系数（0.8、1.0）。

室内、外照明也可按动力用电量的 10% 估算。各种机械及照明用电量可根据所选机械及设备参考施工手册或教材所给的功率和定额选用。

2. 确定变压器

（1）计算变压器的最小输出功率：$P=K(\sum P_{max}/\cos\phi)$（kVA）

式中　K——功率损失系数（1.05～1.1）；

　　　$\sum P_{max}$——变压器服务范围内，最大用电量的总和（kW）；

　　　$\cos\phi$——功率因数（0.75）。

（2）选择变压器：所选变压器的额定容量应大于或等于 $1.1P$。

3. 场内干线的选择（三相五线制）

按电流强度选择导线：$I=KP/(1.732V\cos\phi)$　　　　（A）

式中　I、V——线路上的电流强度（A）、电压（V）；

　　　K、P——需要系数、负载功率（取值同前用电量计算公式）；

　　　$\cos\phi$——功率因数（临时电路取 0.7～0.75）。

第六节　施工总平面布置

一、设计的内容

1. 一切地上、地下已有、拟建的建筑物、构筑物及其他设施的位置、尺寸；

2. 一切为全工地施工服务的临时设施的布置位置；

3. 永久性测量放线标桩位置。

二、设计的原则（7 条）

三、设计的依据（5 种）

四、设计步骤

（一）绘出整个施工场地范围及基本条件

（二）布置新的临时设施及堆场

1. 引入场外交通；

2. 布置仓库与材料堆场；

3. 布置加工厂；

4. 布置内部运输道路；

5. 布置行政与生活临时设施；

6. 临时水电管网及其他动力设施。

第十五章 工程案例

案例一：国家体育场（鸟巢）※

一、工程概况

国家体育场是第 27 届奥运会的主要场馆，是举行奥运会开幕式、闭幕式和主要赛事的地方，位于北京四环路北侧中轴路以东奥林匹克公园中心区南侧。国家体育场占地面积 20.29hm²，地下 1 层，地上 6 层，首层地面高出街道表面 3.3m，比赛场地标高高出城市街道表面 1.5m，建筑高度 66.87m。外形酷似鸟巢，故称"鸟巢"。

奥运会期间，国家体育场容纳观众 10 万人，其中临时座位 2 万个（赛后拆除），承担开幕式、闭幕式和田径比赛的主要赛时功能。奥运会后，国家体育场容纳观众 8 万人，可承担重大特殊比赛（如：奥运会、残奥会、世界田径锦标赛、世界杯足球赛等）、各类常规赛事（如：亚运会、残奥会、洲际综合性比赛、全国运动会、全国足球联赛等）以及非竞赛性项目（如：文艺演出、团体活动、商业展示会等）。规划用地 22.2 万 m²，规划建筑面积 14.5 万 m²。

国家体育场总建筑面积约 25.8 万 m²，混凝土结构平面呈椭圆形，外部由巨形空间钢桁架"鸟巢"覆盖，内部为钢筋混凝土看台。"鸟巢"钢结构与钢筋混凝土看台的上部结构完全脱开，互不牵连，形式上呈相互围和。钢筋混凝土看台和基座部分由 4 道防震缝将结构分为 4 段，每段均为独立的框架－剪力墙结构体系。

国家体育场空间钢结构由一系列门式桁架围绕着体育场内部碗状坐席区旋转而成，结构组件相互支撑，形成网格状构架，组成体育场整体的"鸟巢"造型。屋面呈双曲面马鞍形，屋盖主结构为箱形。钢结构上弦构架底部之间用透明的 ETFE 气垫膜来填充，既保证屋盖的防水要求，又保证体育场透射充足的阳光；下弦下部用半透光的、可开启的 ETFE 气垫膜，保证体育场内

※ 注：本案例资料来源于该工程相关承建单位。

达到漫光散射的温和光照效果和改善紫外线的照射强度。

二、多维渗降法降水

施工工艺：首先在建筑物外围做竖向渗降集水井，利用集水井在需降水层面打水平渗滤排水管，使地下水自渗流入管内，引至渗降集水井，渗入下层透水层中。多维渗降法的优点是：在场区降深处打水平渗流管，利用自然势能降水，水不外排，无需电力，无能耗损失；水不外排也不必布设排水设施，简化了施工工艺，降低了工程造价。另外多维渗降法的降水设施在工程完工后可以改造成地下水回灌设施，优化水的循环，维持地基的承载力，维持建筑物的沉降。在降水多的年份，可保持降水状态，避免水位大幅度上升，对建筑产生上浮力，触动桩基。基坑降水完成后，也可改装成地下集水装置，经净化后，作为绿化环保用水、空调水等。

"鸟巢"降水施工示意平面图、"鸟巢"降水施工示意剖面图见光盘课件。

三、钢结构施工

钢结构吊装施工部署总体上采用分块吊装、高空散装工艺；主结构南北分区吊装；各用1台800t履带吊布置在外圈，1台600t履带吊布置在外圈；施工整体流程为：构件轧制成型→构件地面拼装、分块吊装→结构合拢→结构卸载。

1. 桁架柱地面拼装（见光盘课件）

2. 桁架柱吊装（见光盘课件）

根据桁架柱吊装分段重量，起吊高度及作业半径，选用2台800t履带吊进行桁架柱的吊装。其中Ⅰ区为1台LR1800型，工况配置为：主臂56m，仰角88°，副臂35m，超起配重350t；Ⅱ区为1台CC4800型，工况配置为：主臂54m，仰角88°，副臂42m，超起配重260t。

根据桁架柱脱胎翻转直立过程中的重量分配，选择辅助吊车为CC2000型300t吊车，工况配置为：42m主臂，250t吊钩。

桁架柱采用卧拼法，吊装前要进行翻身。利用一台800t吊车单机回转立直进行。

下柱脱胎、下柱单机回转立直、下柱就位、上柱脱胎、上柱回转立直、上柱就位图片见光盘课件。

3. 主桁架吊装（见光盘课件）

根据主桁架吊装分段重量，起吊高度及作业半径，选用2台800t履带吊在外围，2台600t履带吊在内圈分别进行主桁架的吊装。

Ⅰ区 800t 履带吊为 1 台 LR1800 型，工况配置为：主臂 56m，仰角 88°，副臂 63m，超起配重 350t；Ⅱ区 800t 履带吊为 1 台 CC4800 型，工况配置为：主臂 66m，仰角 88°，副臂 54m，超起配重 260t。600t 履带吊均为 CC2800 型，工况配置为：主臂 60m，仰角 88°，副臂 36m，超起配重 250t。

对于平面主桁架的拼装均采用卧拼的形式，桁架拼装完成后，采用主吊车直接从拼装胎架上起吊翻身成垂直的吊装状态。

内设 78 组临时支撑架的图片见光盘课件。

对 T1A-1、T7B-1 典型桁架进行了起吊工况计算分析，计算结果表明，构件在起扳过程当中，最大变形值为 4mm，最大应力为 17MPa。

4. 次结构吊装

根据吊重、作业高度和半径，每个施工区域选用 1 台 CC2000 型 300t 履带吊和 1 台 SC1500 型 150t 履带吊进行顶面及肩部次结构的吊装。其中，300t 履带吊布置在外环，负责肩部次结构、外圈及部分中圈顶面次结构的安装，150t 履带吊布置在内环，负责内圈及部分中间顶面次结构的安装，所选吊机的具体性能参数分别见表 15-1。

所选吊机的性能参数　　　　　表 15-1

CC2000 型 300t 履带吊工况配置	主臂 66m，仰角 88°，副臂 54m
SC1500 型 150t 履带吊工况配置	主臂 56.4m，仰角 80°，副臂 36.6m

次结构吊装方案见光盘课件。

5. 结构合拢

先主/15～23℃，后次/11～23℃；同步；合拢间隙、焊缝质量。

6. 结构卸载（见光盘课件）

拆除临时支撑；结构自承重；SAP2000 模型计算。主要计算成果：

（1）主结构在临时支撑拆除前

临时支撑反力图见光盘课件。

（2）主结构在临时支撑拆除后，对应支撑点的变形

临时支撑拆除后对应点变形图见光盘课件。

卸载顺序：外圈→中圈→内圈→中圈→外圈；

卸载千斤顶：设备与计算机控制台连接，176 个；总计 11200t，见光盘课件。

案例二：国家篮球馆（五棵松体育馆）※

一、工程概况

五棵松文化体育中心工程，总用地约 50.17hm^2。总建筑面积约 350000m^2，分为体育馆、文化体育产业、商业配套三个部分，其中体育馆为 2008 年奥运会主篮球馆。

体育馆位于文体中心用地的东南角，是整个文化体育中心的重心。体育馆建筑面积约 63000m^2，檐高约 27.5m，现场±0.000 相当于绝对标高 58.65m。基础结构形式为箱式条形基础。主体结构形式为框架剪力墙结构，工程设防烈度为 8 度。框架抗震等级为一级，剪力墙抗震等级为一级。主体结构按平面划分为：主结构区、训练馆区、车道及挡土墙区。体育馆的屋盖结构体系为双向正交钢桁架体系。

体育馆长轴（南北向）长度为 237.7m，短轴（东西向）长度为 186.8m，屋顶轴线跨度为 120m×120m，建筑±0.000 绝对标高为 50.15m。地下 1 层、地上 4 层，外装修采用带外玻璃肋的单元式玻璃幕墙。

国家体育馆东西剖面图见光盘课件。

二、钢屋架施工概况

五棵松篮球馆钢屋面桁架为双向正交桁架受力体系，双向跨度均为 120m，桁架间距为 12m，共有 26 榀。桁架截面为鱼腹式变高度双向受力桁架，桁架截面共有 7 种形式，支座处高均为 6.3m，跨中最高从 6.3～9.3m 不等。桁架中最重的一榀为 163t，最轻的一榀为 48t，屋架总重 4500t。桁架上下弦和腹杆杆件截面为箱形和 H 形。支座采用滑动球铰支座。钢屋架和材质均为 Q345C。

三、钢屋架主要施工工艺

1. 桁架拼装（见光盘课件）

首先将杆件进行地面拼装；然后进行高空拼装，连接成为完整一榀屋架。

2. 钢屋架滑移（见光盘课件）

采用两个边滑道和一个中滑道共分为 10 次累计滑移的方案，在液压爬行器的推动下从高空拼装平台移动到建筑结构上，每次滑移一个拼装单元的宽度，即 12m。然后再进行高空拼装下一个单元，继续滑移该单元宽度的距离。按此流程经过 10 次滑移后，

※　注：本案例资料来源于该工程相关承建单位。

屋面桁架的水平位置到达了其安装位置（卸载后，垂直位置也就位了），整个滑移阶段完毕。

累计滑移、光纤光谱应变传感器、液压爬行器见光盘课件。

3. 钢屋架卸载

（1）卸载施工环境

滑移采用 3 条滑道，每条滑道 2 条钢轨。

边滑道卸载高度为 50mm，中滑道卸载高度为 150mm。

屋面四个角向支座在卸载时暂时不固定，待屋面基板封闭后再焊接。

（2）卸载思路

中滑道 11 个滑移支座下降 50mm，然后将东西两侧槽形梁上的 22 个支座下降 50mm，其中 20 个柱头上的屋面结构支座卸载到位，其余滑移支座待全部卸载完成后解体拆除。

周边屋面结构支座除 4 个角柱上的支座外，其余支座按设计要求焊接达到设计受力状态。然后进行中滑道 9 个滑移支座的卸载施工。完全卸载到位后，利用屋面桁架结构拆除中间滑道支撑胎架。

全程采用位移同步的卸载控制方法，中滑道卸载时采用等距离卸载方法施工，使屋面结构稳步达到设计受力状态。

卸载流程见光盘课件。

（3）卸载前准备工作

滑动球铰支座就位、屋面结构滑动球铰支座见光盘课件。

（4）卸载施工方法

卸载点的平面布置图见光盘课件。

卸载步骤

1）第一步：屋架就位；

2）第二步：南北支座固定；

3）第三步：中滑道卸载（按挠度曲线同步卸载）；

4）第四步：周边支座分级同步卸载落位等。

（5）卸载后屋架变形

卸载后钢屋架变形理论上计算应在 13～15mm 之间，实际为 13.8mm，在允许范围之内，符合要求。

案例三：首都机场航站楼 T3C 国际候机指廊※

一、工程概况

首都机场航站楼 T3C 国际候机指廊位于 T3A 与 T3B 之间，

※ 注：本案例资料来源于该工程相关承建单位。

南北距 T3A、T3B 各约 300m。开敞的旅客捷运隧道在地下一层穿越 T3C，并将 T3C 与 T3A/B 相连接。T3C 占地约 30650m²，建筑平面呈南北向一字形，南北长 385m，东西宽 108m，楼高 26m，由东西两侧的指廊和两指廊间的中央连接体组成，T3C 东西两侧各布置了 5 个登机桥固定端。

T3C 平面示意图见光盘课件。

1. 建筑设计概况

建筑设计概况，见表 15-2。

建筑设计概况　　　　　表 15-2

序号	项目	内容		
1	地下	地下二层为行李通道，地下一层主要为 APM 车站、货物仓库、机房、预留后勤办公用房、机电管廊等组成		
2	地上	建筑平面呈南北向一字形，南北长 385m，东西宽 108m，楼高 26m		
3	建筑面积	总建筑面积(m²) 55000	占地面积(m²)	30650
		地下面积(m²) 32000	地上面积(m²)	23000
4	层数	地上 二层	地下	二层

2. 结构设计概况

结构设计概况，见表 15-3。

结构设计概况　　　　　表 15-3

序号	项目	内 容	
1	结构形式	基础	端承摩擦型钻孔灌注桩承筏板基础
		主体	钢筋混凝土框架—剪力墙结构
		屋盖	钢管柱支撑的螺栓球网架结构
2	建筑地基	地基土质层	卵石层，层厚 5.2~7.5m
		地基类别	天然地基
		地基承载力	500kPa
3	地下防水	混凝土自防水	基础底板混凝土 C40P8；外墙混凝土 C40P8
		材料防水	SBS(3mm+4mm)防水卷材
4	混凝土强度等级	外墙	C40、P8、微膨胀
		梁板	C40
		核心筒	C40
		其他内墙	C40
		柱	C60(首层及以下)；C50(二层及以上)
		楼梯	C40

3. 工程施工难点与特点分析

（1）工程体量大，施工工期紧

本工程占地面积大，平面超长超宽，结构体量大，对常规垂直及水平运输要求高，且工期紧。合理地划分施工流水段，采取多作业面小流水施工，统筹安排，并投入足够的机械设备、人员及周转材料，才能确保工程优质、按期完成本施工任务。

（2）设计标准高，施工质量标准高

三号航站楼建成后成为具有国际先进水准的枢纽航空港，它以目前国际上最先进的机场作为标准进行设计。

本工程设计要求采用清水混凝土，成型后的混凝土表面不作任何修饰，以混凝土自然状态为饰面，强调混凝土的自然表现机理。混凝土的表面成型质量是影响工程整体效果、满足设计要求的重要因素。清水混凝土施工涉及预拌混凝土质量、模板加工工艺水平、施工人员素质等诸多因素影响。清水混凝土综合施工技术是本工程地上结构施工的重点和难点。

（3）建筑造型复杂

为表现出"回归自然"的设计理念，建筑要求混凝土达到清水效果不做任何装饰，而为达到美观效果建筑专业对清水混凝土构件进行了弧线型设计处理，要求柱顶带凹槽、梁阴阳角为圆弧形，构件截面为梯形，给钢筋的加工与安装，模板的加工和拼装带来很大难度。

（4）结构设计复杂，施工难度大

地上结构设计形式复杂，大部分为三角形布置柱网，密肋梁板结构体系，结构柱为圆形、椭圆形。非标准的三角形框架单位使梁柱节点构造复杂，对节点部位模板的加工和安装带来很高难度。结构设计中采用了大量的型钢混凝土结构，型钢混凝土构件最重达 30 多吨，距结构边最远达 54m，型钢构件的加工、吊装难度大。

二、清水混凝土施工（见光盘课件）

本工程挑檐采用清水混凝土结构，挑檐模板分缝宽度要求为 2464mm，如采用传统的胶合板模板满足不了建筑对模板的分缝模数要求，采用定型钢模板或玻璃钢模板则造价高，且钢模板重量重，塔吊吊次增加影响施工进度，经过反复对比论证，最终决定采用在木胶合板模板上铺贴地板革的方案，大大降低了成本，混凝土成型质量完全符合设计要求的清水混凝土质量标准。

挑檐阴阳角为弧形，阳角 $R=75$mm，阴角 $R=15$mm，采用定制木线条，模板拼好后满粘地板革，钢筋作业时，地板革采用废旧SBS卷材保护。

图片（见光盘课件）：带有变形缝的柱模板、9.5m高圆柱钢模板拆模、混凝土成型质量

三、劲性结构施工（见光盘课件）

劲性混凝土中型钢梁柱加工质量的控制：安排质检员和监理工程师在厂家进行过程控制和出厂检验，构件进场做进场检验，多层把关，保证质量。

钢结构吊装（见光盘课件）：设置滚木、滑动起吊、起吊设备、初步就位。

案例四：财富中心（一期）※

一、工程概况

1. 建筑设计概况

建筑设计概况，见表15-4。

建筑设计概况　　　　表 15-4

项目	内 容			
建筑功能	办公、商用			
建筑面积	247160m²			
建筑层数	地下3层，主楼地上42层，翼楼地上8层（办公楼）			
建筑层高	地下室	一层	4.0m	办公楼标准层 3.7m
		二层	6.0m	
		三层	3.8m	
建筑高度	办公楼	主楼	165.60m	翼楼 39.995m

2. 结构设计概况

本工程地基基础为天然地基和桩基。主楼北侧车库部分为地下两层，裙楼部分为地下3层、地上9层，采用天然地基；两栋主楼各42层，设计为后压浆灌注桩，筏式底板，主楼底板厚度2500mm，裙楼底板厚度1200mm，车库底板厚度800mm；地下室底板、外墙、人防顶板、车库顶板均为防水混凝土。

办公楼基底标高为－16.53m，其中电梯基坑板底标高为－19.78m；主体结构为型钢混凝土框架＋核心筒，其中核心筒为剪力墙结构，最大墙厚800mm，内置H型钢柱及钢梁；外侧为圆形及异形钢骨混凝土柱，最大直径1500mm，梁为钢梁；办公楼裙楼为框架结构。公寓楼基底标高为－16.53m，最大基坑

※ 注：本案例资料来源于该工程相关承建单位。

深度为-19.2m；主体结构为框支剪力墙结构。建筑北侧一、二层为通高柱体，通过转换梁从三层起变为剪力墙结构；公寓楼裙楼为剪力墙结构。地上三层由钢结构天桥将办公楼裙楼与公寓楼裙楼连接起来。

3. 工程的特点与难点

（1）工程规模大。

（2）质量标准高。

（3）重点领域多，包括：

1）大体积混凝土施工；

2）群塔施工；

3）超高层核心筒的施工；

4）外框柱均为型钢混凝土圆形和异形圆柱；

5）型钢与混凝土组合施工；

6）玻璃幕墙；

7）专业系统多；

8）室内装修。

（4）场地狭小；

（5）交通困难；

（6）季节性施工问题突出。

二、群塔施工技术

本工程建筑面积大，根据场地和建筑情况选用8台塔吊，1台设在基坑边，7台布置在基坑内，其中4号塔吊为内爬塔，设在办公楼核心筒内。

塔吊平面布置图见光盘课件。

1. 内爬塔技术应用（见光盘课件）

办公楼施工采用了内爬塔吊施工技术，该塔吊安装在电梯井内，不占用施工场地，施工准备简单，无需单独锚固和增加附着，施工覆盖范围大。

2. 附着超长杆件的设计与应用（见光盘课件）

外附3号塔吊与核心筒之间距离达22m，为此，设计制作了5套超长附着杆（长度近25m），该附着锚固在核心筒墙上和标准附着锚固在外围柱体上相结合的方式，成功解决了3号塔吊的锚固难题。

3. 利用空间杆件解决塔吊附着技术（见光盘课件）

5号塔吊建筑体外附着设计与应用：办公楼翼楼和公寓楼翼楼共同使用，塔吊定位在办公楼翼楼西北角，东侧附着在框架柱上，西侧临空无附着位置，按照常规方法无法锚固。技术人员决定借助建筑物最西侧 2 根直径 1m 的柱体，用角钢焊接成杆件，一端分别固定在两根柱子上，另一端悬挑出 6m 的距离，两根杆件在端部连接，形成三角形；用拉杆从上部拉接，固定其高度，在三角形端部焊接锚固耳板，作为塔吊附着支点，用销轴连接塔吊附着杆件，实现转接锚固。从而保证了塔吊安全使用。

4. 利用外塔拆除内爬塔（见光盘课件）

财富中心所使用的内爬塔吊自重大，用以往的方法拆除，费时、费力、安全保障性低，经济费用高，技术难度大。利用外附 3 号塔吊拆除内爬塔，做到了安全经济高效。

三、基础灌注桩后压浆施工技术

财富中心工程基础桩共计 527 根，有效桩长最长达 25.2m，采用桩底、桩侧后压浆专利技术进行施工。工艺流程主要包括：压浆管的绑扎→压浆阀的安装→压浆施工→压浆管的保护。

压浆管图见光盘课件。

四、深基坑局部降水施工技术

本工程基坑降水采用井管围降，降水至底板底－17.00m，电梯井基底标高为－20.03m，进行局部降水。

由于管井井底标高处为不透水层，管井之间不能形成漏斗效应，因此在电梯井基坑内周边设排水盲沟切断水源，在盲沟四角设降水井降低水位，以满足电梯井施工。

为防止局部加深降水井停止降水，造成地下水位上升产生的浮力，在电梯井坑内设置 250mm 厚钢筋混凝土抗水板。浇筑基坑混凝土时停止降水，井内填满级配砂石，顶部用钢板封堵并焊牢，外用 SBS 防水卷材与底板防水卷材搭接，闭合防水层。

局部降水井点见光盘课件。

五、大体积混凝土应用技术（见光盘课件）

本工程办公楼底板为筏板基础，厚 2500mm，一次浇筑量 9300m³。

混凝土采用低水化热的矿渣硅酸盐水泥配置，同时使用粉煤灰代替部分水泥以进一步降低水化热，并采用地下井水降低混凝土出罐温度，采用"推移式连续浇筑"的方法浇筑施工。

混凝土养护采取覆盖塑料薄膜及草帘被的方法，并根据测温情况进行增减，确保混凝土表面与内部、表面与外部环境温差均小于 25℃，当混凝土内最高温度与外界最低气温差值连续三天小于 25℃时，撤去保温，采用浇水养护至 28d。

混凝土测温采用全自动测温仪，可直接输入计算机并自动绘出温度曲线，温度曲线测温间距 5min，另外每 6h 按测温记录表格输出一次。

测温线布置、自动绘出测温曲线等见光盘课件。

六、JFYM50 型液压爬模架

办公楼核心筒外墙及连通电梯井内墙采用"JFYM50 型爬模架"进行施工。其优点有：

（1）模板的定位准确可靠，提高了混凝土质量效果；

（2）爬模架能附带大模板爬升，减少了核心筒模板吊装的 2/3 台班，有效地缓解了办公楼垂直运输紧张的矛盾；

（3）爬模架上层平台，可用于墙体绑扎钢筋，形成了先绑扎墙体钢筋，后浇筑下层顶板混凝土的逆做法，加快了施工速度；

（4）由于架体设计牢固合理，封闭严密，操作方便，爬升可靠，为工人的高空作业提供了一个安全的操作环境。

七、钢结构安装技术

1. 地脚螺栓的安装定位

柱混凝土采取分次浇筑，第一次浇筑至地脚螺栓锚板以下 20～30mm 标高处设预埋件。用钢板预制柱脚螺栓套模，用套模固定地脚螺栓的上部，使地脚螺栓群与预埋件形成牢固的整体。混凝土浇筑时通过外控法用全站仪检查套模中心点位置、确定螺栓群位置的精度。

固定地脚螺栓的定位模板、地脚螺栓定位示意见光盘课件。

2. 钢柱安装无缆风绳技术（见光盘课件）

首节钢柱采用地脚螺栓校正。在钢柱安装前，在所有螺杆上设一调整螺母并用水准仪逐个进行抄平，调整螺母上皮标高即为柱底板下皮标高。钢柱吊装后带上紧固螺母，通过微调柱底板以下调整螺母调整柱身垂直度，柱身垂直度为±0.000 时，戴好止退螺母。

标准节钢柱的位移和扭转偏差采用附加连接垫片进行校正。钢柱的标高通过钢楔或钢楔与千斤顶配合进行调整。钢柱的垂直偏差通过千斤顶调整。

3. 钢柱吊装周转平台的设计与应用（见光盘课件）

为有效分散和传递集中荷载，实现两台塔吊间钢柱的空中交接，设计制作了 3.6m×3.6m 的钢柱竖直倒运周转平台。针对各节钢柱的不同特点，在钢平台上设置临时固定钢柱的连接件，并对平台下部结构强度进行验算，采取了加固措施。

4. 双塔抬吊技术的应用（见光盘课件）

部分钢柱的安装位置超过了单台塔吊的起重能力，无法用单塔吊装就位，通过认真研讨和精确计算，在多次演练成功的基础上，采用外附塔和内爬塔两台塔吊抬吊钢柱的做法，解决了钢柱就位的难题。

5. 钢梁的串吊技术（见光盘课件）

为提高钢梁的吊装效率，采用了同一位置钢梁串吊的方法，大大提高了塔吊的作业效率。

6. 钢结构立体交叉流水施工法（见光盘课件）

本工程设计三层为一个安装单元，一个安装单元构件吊装完毕后，铺设顶层的压型钢板，形成了上下两个互相独立的施工区域，压型钢板以下区域进行焊接、压型钢板铺设等工序的流水施工，上部区域进行下一节钢柱、钢梁的吊装作业，整个钢结构安装实现了均衡连续的流水施工，提高了施工效率。

八、型钢混凝土组合技术（见光盘课件）

财富中心一期工程办公楼总高度 165.9m，为型钢混凝土框架＋核心筒结构，外框柱中钢结构从地下-2 层开始至地上 40 层；核心筒墙体中钢结构从地下-1 层开始至地上 40 层。核心筒钢结构为预设于核心筒外围墙体中的暗钢柱和钢梁，钢柱、钢梁均为焊接 H 型钢。外框柱中钢柱为焊接"十"字形柱。

本工程外框柱全部为圆形和异形圆柱，且截面有四次变化，全部采用定型钢模投入大、塔吊吊装量大，同时吊装过程中由于钢结构安装进度快，模板吊装容易与钢梁碰撞，增加了吊装难度。为此，选择了平板玻璃钢模板，配合定型钢柱头模板和木模板，进行外框柱圆形和异形圆柱施工。其优点包括：

（1）加快了施工速度；

（2）柱体最终成型效果好，柱体竖向只有一条接缝，且顺直、平滑；

（3）通过对玻璃钢模板的改造，成功解决了柱体变径这一问题，充分利用现有材料，大大节省了模板投入；

（4）在楼板浇筑前即可进行柱体混凝土施工，加快了施工速度。

图片（见光盘课件）：模板裁切、圆形柱头钢模板、异形柱头钢模板、柱身玻璃钢模板、柱板木模、柱身效果。

案例五：金 鼎 大 厦※

一、工程概况

金鼎大厦总建筑面积为 109480m²，其中地上 75300m²。地上分为四部分：A、B 楼为 21 层办公楼。A 楼设有大堂、金融

※　注：本案例资料来源于该工程相关承建单位。

营业厅、咖啡厅及会议中心；B楼设有大堂、金融营业厅、休息厅、餐厅等。A楼以西为2层裙房；B楼与裙房之间通过连廊相连。

本工程地下4层，地上一、二层层高5m，标准层层高3.6m，建筑物高度85.2m（包括22、23层设备层）。

二、钢结构施工（见光盘课件）

A、B塔楼主体结构为钢框架-混凝土核心筒混合结构体系。

楼面梁为轧制钢梁，楼板采用压型钢板和现浇钢筋混凝土非组合楼板，核心筒剪力墙为内设型钢暗柱的钢筋混凝土结构，核心筒内型钢暗柱外伸牛腿，通过轧制钢梁与外围钢框架用高强螺栓连接，内部楼板及走廊属于现浇工艺。

1.框架柱吊装

施工工艺流程：测量放线→钢柱安装、校正→钢梁安装→框架校正→高强度螺栓施工→钢结构焊接、探伤→压型钢板施工→栓钉焊接。

2.钢框架连接

焊接方法：全融透焊接。

对于钢柱分节方式的安装，A楼和B楼由地下一层开始，－1F～1F为首节柱；1F～3F为第二节柱；3F～21F根据塔吊起重性能参数每三层楼或两层为一节柱，区别于裙房。

三、劲性结构施工（见光盘课件）

包括：劲性结构柱和劲性结构核心筒体。一至三层属于劲性结构柱，由于楼层比较高，共有21层，对于高层建筑物，结构底层承受结构体侧向外荷载需要的抵抗强度相对要大，所谓的劲性结构就是指钢框架内有钢骨架，外围绑扎的钢筋，再用混凝土作柱壁而形成的受力整体。部分劲性柱从地下一层楼面开始预埋钢骨。

劲性柱及钢骨示意图见光盘课件。

施工工艺流程：定位放线→安装钢骨→墙柱主筋机械连接→绑扎墙柱箍筋→墙柱模板安装→浇筑混凝土。

柱中钢骨、柱间临时支撑、压型钢板（铺设管线、板底支架、栓钉、腹筋）（见光盘课件）。

对于核心筒外围框架梁的楼板部分，采用压型钢板作为楼板底层的工艺，120mm×6000mm标准压型钢板搭接在框架梁上，利用点焊方法连接。（见光盘课件）

有梁处有直立铆钉，为日后绑扎楼板筋作准备。板遇核心筒墙体处，由承托梁支撑。而承托梁是通过墙体中暗柱用螺栓连接的。墙体处会有连接搭接筋，日后绑扎楼板筋的另一端连接点，

可使楼板与墙体和框架柱形成良好、稳定的整体。后期的楼板是由地泵方式现浇的板层。（见光盘课件）

四、现浇混凝土空心楼板（见光盘课件）

施工程序为：分段绑扎墙体钢筋→分段绑扎固定芯管所需构造钢筋→竖向安放芯管→在水平固定芯管的构造钢筋上点焊竖向抗浮筋→分段支墙模→隐蔽工程验收→浇捣混凝土→混凝土养护、拆模。

五、爬模爬架（见光盘课件）

爬模爬架施工也是本工程的一项特色工艺方法，性能参数为：JFYM50 型爬模架，主要由附墙装置、H 型导轨、主承力架及框架及架体系统、液压升降系统、防倾、防坠装置以及安全防护系统等部分组成。

主要参数：

(1) 两附墙点间架体支承跨度：≤6m；

(2) 架体高度：9.8 ～ 18m（随结构层高而定）；

(3) 架体宽度：爬模架 2.25m；

(4) 步距：1.5 ～3.0m；

(5) 步数：4 ～ 8；

(6) 作业层数及施工荷载：2 层≤3kN/m²，3 层≤2kN/m²，4 层≤1kN/m²。

案例六：中央农业广播电视教育中心※

一、工程概况

中央农业广播电视教育中心主楼地下 2 层，地上 21 层，总高度 80.00m，裙楼地下 2 层，地上 5 层，总高度 24.00m，部分地下车库 2 层，总建筑面积约 39836m²。其中地上建筑面积为 27820m²，地下建筑面积为 12016m²，地下人防部分平时作为停车库和设备用房。相对标高±0.000 相当于 38.25m。

主楼框架-剪力墙结构，裙房框架结构，采用筏板基础，主楼底板厚 2000mm，裙楼底板厚 1200mm。抗震烈度 8 度，设计使用年限 50 年，结构安全等级二级，建筑抗震设防类别丙类，结构抗震等级一级，钢筋类别 HPB235、HRB335、HRB400，混凝土强度分别为基础底板采用 C15，基础底板、地下室外墙采用 C40，核心筒剪力墙、独立框架柱 C40、C50，梁、板 C30、C40。

※　注：本案例资料来源于该工程相关承建单位。

现场布置一台 TC6020 型固定式起重机，起重半径 60m，臂端起重量 2t，以及一台 G25/15 型固定式起重机，起重半径 45m，臂端起重量 1.5t。由于施工现场场地十分狭小，因此其中 TC6020 型固定式起重机布置在裙楼结构内。为节约场地，木材加工区设在裙楼一层结构内。除此以外现场西侧还有一颗古槐树需要保护。

施工现场平面布置图见光盘课件。

二、跳仓法

"跳仓法"的具体施工方法是将单位工程整体基底面积按现行国家建筑结构设计规范要求分成若干个区域的施工段，按照跳棋的游戏规则，完成一块区域的混凝土浇筑任务后，相隔一块再浇筑另外一块，待 7~10d 后再浇筑相邻"仓"。这样，不但地基受力能够保持均衡，且利于施工段的流水作业，工期还能够缩短将近 1/3，同时还能减少积压大量的模板、支撑等周转材料和劳动力数量。

"跳仓法"取代两种后浇带的原理：

（1）取代温度式后浇带

水泥在其漫长的水化过程中，水化热的释放是不平均的，它的释放与水泥强度的增长呈正比关系，混凝土在浇筑完毕后的 7~10d 即可达到 75％的强度，而其大部分的水化热也在这一段时间内产生，所以"跳仓法"相邻两个"仓"的浇筑间隔就为 7~10d，这就使得在基础底板由独立的"仓"浇筑成一个完整的整体之前，已有一半体积的混凝土将其大部分的水化热释放，当浇筑另一半"仓"的时候，新"仓"两侧的旧"仓"已释放完其大部分的水化热，因此当将它们浇筑成一个整体的时候全部的水化热也就只有新"仓"所产生的，并且新"仓"之间也是相互间隔的，所产生的水化热也同样较小。最终使得"温度式后浇带"可以被"跳仓法"取代。

（2）取代沉降式后浇带

"跳仓法"较传统"沉降后浇带"的做法在理念上有所不同，"跳仓法"主要突出一个"抗"字，是通过筏基的整体刚度来抵抗地基的不均匀沉降。在以前的"后浇带"时代，对筏基底板的整体抗不均匀沉降能力估计过于保守，使得"沉降后浇带"的地位不可撼动，而随着实践的不断累积以及理论计算的逐渐发展，"抗"的思想逐渐被接受。除此以外，由于底板的整体倾斜以及底板裂缝在一定程度上是被允许的，并且随着现代结构加固技术的发展，一些裂纹也完全可以被化学灌浆等方法修补，所以这些都使得"跳仓法"取代"沉降式后浇带"的做法得以实现。

本工程底板"跳仓法"浇筑顺序（见光盘课件）：

施工中按施工缝分仓，整个底板被分为 6 个仓格，进行跳仓浇筑。按照先浇筑Ⅰ→Ⅱ→Ⅲ、后浇筑Ⅳ→Ⅴ→Ⅵ仓的顺序进行。采用泵送混凝土，每一个施工区域一次性浇筑完成，不允许出现冷接缝。相邻两块混凝土浇筑时间不得小于 7d。

三、预应力工程

本工程有粘结预应力梁为四层和五层 6、7、8 轴框架梁，此梁截面为 800mm×1800mm，跨度为 24m，混凝土强度等级 C40，上层受力钢筋为 6 根直径 28mm 的 HRB400 级钢筋，下层受力钢筋为 20 根直径 28mm 的Ⅲ级钢筋，箍筋为直径 $\phi10@$ 100/200mm，预应力筋为 $4\times9\phi^s15.2$ 的钢绞线（$f_{ptk}=1860$N/ mm），本工程有粘结预应力锚具必须采用Ⅰ类锚具，锚固端采用挤压锚具，张拉端采用夹片锚具。张拉时混凝土强度要求达到 100% 以后才能张拉。预应力张拉控制应力为钢绞线标准强度值的 75%。

塑料波纹管、灌浆孔、喇叭管、$4\times9\phi^s215.2$ 钢绞线见光盘课件。

本工程无粘结预应力部位为 5—8/H-K 轴范围 12.700m 和 21.300m 标高楼板，板厚分别为 500mm 和 600mm 厚，楼板混凝土强度等级为 C40，空心内模为 SDF 系列专利产品，箱体为 1000mm×1000mm×350mm，无粘结预应力在混凝土强度达到 100% 时才能张拉。

张拉端锚具、SDF 系列轻质填充料见光盘课件。

四、垂直运输机械

现场布置一台 TC6020 型固定式起重机，起重半径 60m，臂端起重量 2t，以及一台 G25/15 型固定式起重机，起重半径 45m，臂端起重量 1.5t。由于施工现场场地十分狭小，因此其中 TC6020 型固定式起重机布置在裙楼结构内，待塔吊拆除后作后浇带处理。

图片（见光盘课件）：TC6020 在进行塔身的自爬升、标准塔节、塔吊基础施工（含塔吊底座、塔吊基础配筋、塔吊基础混凝土）、JMF12-15 混凝土布料机、HBT80·13·130RS 型地泵。

1. JMF12-15 混凝土布料机基本参数

（1）最大布料半径：12m/15m；

（2）回转角度：360°，正反方向回转；

（3）输送管直径：125mm；

（4）机体自重：1580kg/1780kg；

（5）支承节高度：5m（根据需要增减）；

（6）主配重（用户自备）：1200kg/1500kg；

（7）运输状态：5.6×1.3×1.4m。

2. HBT80·13·130RS 型地泵主要技术参数

（1）最大理论混凝土输送量（低压/高压）（m³/h）：87/51；

（2）最大理论混凝土输送压力（低压/高压）（MPa）：7/13；

（3）最大理论混凝土输送距离垂直/水平（m）：270/1200；

（4）料斗容积（L）：800；

（5）料斗上料高度（mm）：1400；

（6）混凝土输送缸缸径/行程（mm）：200/1800；

（7）内燃机功率（kw）：130；

（8）整机外形尺寸（mm×mm×mm）：6700×2100×2700；

（9）整机质量（kg）：6500。

习　题

A、常规题部分

一、土方工程

1. 土方工程施工的特点与组织施工的要求有哪些？

2. 什么是土的可松性？可松性系数的意义如何？用途如何？

3. 土方边坡的坡度如何表示？影响边坡大小的因素有哪些？

4. 基坑降水的方法有哪几种？各自适用范围如何？

5. 流砂发生的原因及防治方法有哪些？

6. 试述轻型井点及管井井点的组成与布置要求。

7. 常用支护结构的挡墙形式有哪几种，各适用于何种情况？

8. 常用支护结构的支撑形式有哪几种，各适用于何种情况？

9. 试述土钉墙与喷锚支护在稳定边坡的原理上有何区别？

10. 试述土钉墙的施工顺序。

11. 推土机、铲运机的适用范围与提高效率的措施有哪些？

12. 基坑开挖时应注意哪些问题？

13. 单斗挖土机有哪几种类型？其工作特点及适用范围如何？

14. 试述土方填筑方法，对土料要求、压实要求。

15. 影响填土压实质量的因素有哪些？如何检查压实质量？

16. 某建筑场地方格网如图所示。方格边长为30m。试按挖填平衡的原则计算其土方量。

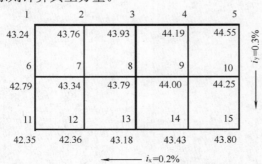

17. 某基坑底平面尺寸如图,基坑深 4m,四边均按 1：0.5 的坡度放坡。土的可松性系数 $K_s = 1.25$，$K'_s = 1.08$，基坑内箱基的体积为 1200m³。求基坑的土方量及需留回填用土的松散体积。

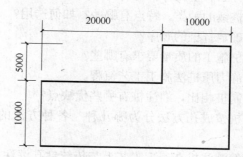

18. 已知下列土方调配分区及土方平衡运距表,试用表上作业法求解最优调配方案。

挖区 \ 填区	T_1	T_2	T_3	挖方量(m³)
W_1	50	70	140	500
W_2	70	40	80	500
W_3	60	140	70	500
W_4	100	100	40	400
填方量(m³)	800	600	500	1900

19. 某工程地下室,基坑底平面尺寸为 40m×16m,底面标高 -7.0m。已知地下水位标高为 -3m,土层渗透系数 $K = 15$m/d,-15m 以下为不透水层,基坑边坡需为 1：0.5。拟用射流泵轻型井点降水,其井管长度为 6m,滤管长度自定,管径可选 38mm 或 51mm；总管直径 100mm,每节长 4m,接口间距 1m。试进行降水设计。

要求：(1) 确定轻型井点平面和高程布置；

(2) 计算涌水量、确定井点数和间距；

（3）绘出井点系统布置施工图。

二、深基础工程

1. 对钢筋混凝土预制桩的制作、起吊的基本要求有哪些？

2. 沉桩方法有哪几种？各有何特点，适用范围如何？

3. 打桩桩锤的种类、特点有哪些？如何选用？

4. 如何确定打桩的顺序？

5. 对打桩施工的质量要求有哪些？

6. 简述静力压桩法施工工艺流程。

7. 与预制桩相比，灌注桩有哪些优缺点？

8. 灌注桩按成孔方法分为哪几种？各种方法的特点及适用范围如何？

9. 后插筋灌注桩在施工工艺上与传统钻孔灌注桩有何差别？有什么优点？

10. 泥浆护壁成孔施工中的正循环排渣法和反循环排渣法的区别是什么？各有何优缺点？

11. 泥浆护壁法成孔施工中护筒的作用是什么？

12. 对钻孔灌注桩的质量要求有哪些？易发生哪些质量问题，如何防止？

13. 套管成孔灌注桩有哪几种施工方法？适用范围如何？

14. 沉管灌注桩有哪几种成桩工艺？对承载力各有何影响？

15. 如何防止缩径、断桩及吊脚桩？

16. 简述地下连续墙的特点及施工工艺。

17. 地下连续墙施工中导墙的作用是什么？

18. 墩基础与沉井基础的施工有何区别？

三、砌筑工程

1. 常用的砖和砌块的种类有哪些？

2. 砌筑砂浆对材料、配料、拌制、使用等有哪些规定和要求？

3. 对砌筑用脚手架的基本要求有哪些？

4. 砌筑施工中哪些部位不得留设脚手眼？

5. 常用脚手架的类型有哪些？各自构造形式与使用要求有哪些？

6. 试述多立杆式外脚手架的一般构造及搭设要求。

7. 脚手架为何要设置连结构件？设置要求和方法有哪些？

8. 砌筑工程的垂直运输工具有哪几种？

9. 对井架、门架的搭设安装有哪些要求？

10. 简述砖墙砌筑工艺过程。

11. 什么是"三一"砌筑法？有何优缺点？

12. 对砖墙砌体的质量要求有哪些？

13. 影响砖墙砂浆饱满度的因素有哪些？

14. 砌筑砖墙时，留槎与接槎的要求有哪些？

15. 砌块运输和堆放时应注意什么？施工时对块材的含水率有何要求？

16. 砌块砌体的施工工艺有哪些？

17. 砌块砌体的质量要求有哪些？

18. 某灰砂砖清水墙的尺寸如图，墙厚为 240mm，采用一顺一丁砌法。试排砖（外立面）。

四、混凝土结构工程

1. 模板的作用及对模板的基本要求有哪些？

2. 柱、梁、楼板、圈梁、基础的模板构造与要求如何？

3. 钢制大模板的构造及施工特点如何？

4. 内外全现浇结构用大模板施工时，其外墙外侧模板如何安装？

5. 滑升模板的构造组成及滑升原理、施工要点如何？

6. 梁板模板为什么要起拱？在什么情况下必须起拱？起多少？

7. 什么叫早拆模板体系？为什么要用早拆模板？

8. 模板设计需考虑哪些荷载？如何取值与组合？

9. 混凝土达到什么强度方可拆模？该强度如何确认？

10. 不同构件的钢筋绑扎与模板安装的先后顺序如何？

11. 冷加工过的钢筋在使用上有哪些限制？

12. 钢筋的焊接及机械连接方法有哪些？各自特点及适用范围如何？

13. 闪光对焊、电渣压力焊、气压焊质量检查有何相同与不同之处？

14. 电弧焊的焊条如何选择？接头形式及焊缝要求有哪些？

15. 钢筋直螺纹连接的要求有哪些？如何进行质量检查？

16. 钢筋绑扎安装的要点有哪些？

17. 钢筋代换方法及其适用范围如何？代换时应注意哪些

问题？

18. 现场混凝土的搅拌、运输、浇筑常使用哪些机具？

19. 混凝土搅拌机按工作原理分为哪几类，各自特点及适用范围如何？

20. 如何进行施工配合比换算和配料计算？

21. 影响混凝土搅拌质量的因素有哪些？

22. 混凝土的运输有哪些要求？泵送运输有哪些特殊要求？

23. 混凝土浇筑前应做哪些准备工作？

24. 混凝土每层浇筑厚度如何确定？

25. 对混凝土浇筑有哪些基本要求（浇筑要点）？

26. 分析混凝土墙、柱"烂根"的主要原因，并制定相应的预防措施。

27. 什么是混凝土施工缝？留设位置如何确定？接缝的时间和施工要点有哪些？

28. 混凝土振捣的目的与要求有哪些？如何选择振捣设备？

29. 框架结构混凝土顺序如何确定？当梁、柱混凝土强度等级不同时，节点处应如何施工？

30. 什么是自然养护？有哪些具体做法与要求？

31. 大体积混凝土的浇筑方案及浇筑强度如何确定？如何防止开裂？

32. 混凝土质量检查的主要内容及要求有哪些？

33. 混凝土冬施的起止时间是如何规定的？混凝土早期受冻对后期强度有何影响，为什么？

34. 什么是混凝土受冻临界强度？不同水泥拌制的混凝土，临界强度为多少？

35. 混凝土冬施方法有哪些？其特点及适用范围如何？

36. 冬施混凝土的材料、配比及施工工艺有何特殊要求？材料加热温度有哪些限制？

37. 计算下图所示梁的钢筋下料长度（抗震结构），绘制出配料单。

注：各种钢筋单位长度的重量为：$\Phi6$（0.22kg/m），$\Phi12$（0.88 kg/m），$\Phi22$（2.98kg/m），$\Phi25$（3.58kg/m）。

38. 某梁设计主筋为 4 根直径为 20 mm 的 HRB335 级钢筋，今现场无此种钢筋，拟用 HRB400 级直径 25mm 的钢筋代换，试计算需几根？若用直径为 16mm 的 HRB400 级钢筋代换，当梁宽为 250mm 时，可否单排配筋（箍筋直径为 6mm）？

39. 某钢筋混凝土墙体高 2.7m，厚为 0.18m。施工时采用

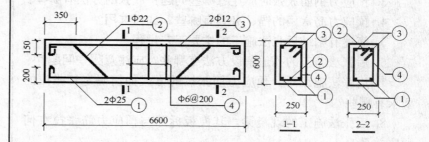

塔式起重机吊 0.8m³ 的吊斗运输浇灌，浇筑速度为 3m/h 高，混凝土坍落度 50～70mm，不掺外加剂，混凝土温度为 20℃。求：

（1）混凝土对模板的最大侧压力及侧压力分布图形；

（2）进行墙体模板强度设计时的荷载取值。

40. 某混凝土试验配比为 1:2.05:4.11，水灰比为 0.62，每立方米混凝土的水泥用量为 290kg，实测现场砂石含水率为 3% 和 2%，试求：

（1）混凝土的施工配合比；

（2）若用出料容量为 375L 的搅拌机搅拌时，每盘各种材料的用量。

41. 某高层建筑的基础底板长 25m，宽 14m，深 1.2m，采用 C30 混凝土，要求连续浇筑，不留施工缝。现场搅拌站设三台 375L 搅拌机，每台实际生产率为 5m³/h，混凝土运输时间为 25min，混凝土温度为 25℃，气温为 27℃，每层浇筑厚度定为 40cm，试求：

（1）确定混凝土浇筑方案（提示：初凝时间的取值，除应考虑计算值，还需满足混凝土浇筑允许间歇时间）；

（2）计算正常情况下浇筑所用时间。

42. 已知混凝土试验配比为 1:2.5:4.0，水灰比为 0.6，水泥用量为 300kg/m³。冬施时水泥为 3℃，砂为 2℃，石子为 -2℃，水加热至 75℃，砂石含水率为 3% 和 1%，搅拌棚内的温度为 10℃，采用掺防冻剂施工法。试计算混凝土出机温度是否满足要求？当采用塔吊吊浇灌斗直接运输浇灌，室外温度为 -5℃，运输时间为 20min，温度损失系数为 0.35 时，混凝土的入模温度能否满足最低要求？

五、预应力混凝土工程

1. 什么是先张法施工，什么是后张法施工？各自特点及适用范围如何？

2. 张拉钢筋的程序有哪几种，为什么要进行超张拉？

3. 预应力钢筋放张时应注意哪些问题？放张的方法有哪些？

4. 预应力筋常用的锚、夹具有哪些？如何选用？

5. 简述有粘结后张法施工的主要工艺过程。

6. 后张法施工的孔道留设方法有哪些？应注意哪些问题？

7. 后张法施工时，预应力筋张拉的方式如何确定？张拉的要求有哪些？

8. 后张法施工的现浇梁，其模板拆除与预应力筋张拉有何顺序关系？

9. 试述孔道灌浆的目的与要求。

10. 无粘结预应力筋铺放定位应如何进行？张拉后端部如何处理？

11. 某预应力混凝土屋架的下弦留有四个孔道，孔道长20.8m，预应力筋为直径22mm精轧螺纹钢筋。试计算：

（1）确定张拉方式、锚具和张拉设备，计算预应力筋的下料长度；

（2）确定张拉程序，计算所需的张拉力；

（3）若分两批对称张拉，后批张拉引起前批每根预应力筋的应力损失为12MPa时，计算第一批张拉时的张拉力。

六、结构安装工程

1. 履带式起重机的技术性能参数有哪些，它们之间有什么关系？如何查起重性能表及曲线？

2. 自行式起重机的类型及特点是什么？

3. 桅杆式起重机的类型及特点是什么？

4. 塔式起重机的特点及类型有哪些？起重性能参数主要有哪几个？如何选择塔吊？

5. 简述塔式起重机的自升过程。

6. 构件运输、堆放应注意哪些问题？构件质量检查包括哪些内容？

7. 预制构件吊装前的质量检查内容包括哪些？

8. 单机吊柱时，旋转法和滑行法各有哪些特点？对柱子的平面布置各有何要求？

9. 钢筋混凝土柱的吊装工艺有哪些？如何对位、临时固定、校正和最后固定？

10. 屋架起吊时绑扎点如何选择？为什么对屋架要临时加固？

11. 屋架的正向扶直和反向扶直有何区别？哪一种方法较好？

12. 屋面板安装顺序如何确定？

13. 什么是分件吊装法及综合吊装法？简述其优缺点及适用范围。

14. 如何计算所需起重机的技术参数？如何确定吊装屋面板时的最小臂长？

15. 起重机的开行路线及构件平面布置如何确定？

16. 屋架扶直就位的平面布置有哪几种方式？各有什么要求？

17. 多高层装配式结构的吊装机械如何选择，常用哪些布置形式？

18. 预制框架结构构件安装顺序如何？接头方式有哪些？

19. 空间钢结构屋盖的安装方法有哪些？试述其各自特点及工艺过程。

20. 某厂房柱的牛腿标高 8.3m，吊车梁长 6m、高 0.8m，起重机的停机面标高为 -0.3m，试计算吊车梁的起重高度。

21. 某车间跨度 24m，柱距 6m，天窗架顶面标高 16.8m，屋面板厚 240mm，试选择履带式起重机的最小臂长（停机面标高 -0.3m，起重臂枢轴中心距地面高度 $E=1.7m$）。

22. 某单厂跨度为 21m，柱距 6m，共 5 个节间，两列柱分别在跨内和跨外预制，柱高 12m，牛腿根部至柱底 9m。当起重机的起重半径为 7m，开行路线至杯口中心线 5.5m 时，试确定吊柱停机点，并按旋转法吊装布置柱。

23. 某厂房跨度 18m，柱距 6m，6 个节间，选用 W_1-100 履带式起重机进行结构吊装。吊装屋架时的起重幅度（回转半径）为 8m，试绘出吊装开行路线，停机点及屋架斜向就位布置图。

七、道路与桥梁工程

1. 简述路基施工的内容与程序。

2. 路基施工前应做哪些技术准备工作？

3. 路基填筑前，需对基底做哪些处理？

4. 路基填筑对材料有何要求？

5. 简述路堤填筑施工方法。

6. 路堑开挖主要有哪些方式？

7. 压实路基的机械有哪些，各自主要适用范围如何？

8. 路基压实施工的标准是什么？

9. 路面级配碎石类基垫层施工程序是什么？拌合及碾压工

序中应注意的主要问题是什么？

10. 结合料稳定类基垫层施工程序是什么？其技术要点有哪些？

11. 热拌沥青混合料摊铺、压实方法及注意问题是什么？

12. 水泥混凝土路面的施工程序及注意问题是什么？

13. 桥梁施工的一般程序是什么？

14. 装配式梁桥构件的架设方法有哪些？

15. 简述混凝土墩台的浇筑要求。

16. 简述混凝土桥梁悬臂浇筑的工艺顺序。

17. 采用悬臂拼装法施工时，块件的吊装方法有哪些？

18. 何谓移动模架法，它有哪些特点？

19. 顶推施工有哪些基本工序？顶推施工方法有哪些？

20. 可采取哪些措施来承受顶推过程中悬臂的负弯矩？

21. 何谓转体施工法，适用范围如何？

22. 拱桥的施工方法有哪些？其主要施工工序是什么？

八、防水工程

1. 地下防水的构造可分为哪些类别？

2. 防水混凝土有哪些种类，使用与配制有哪些要求？

3. 普通防水混凝土对原材料及配合比的要求有哪些？

4. 外加剂防水混凝土常用的外加剂有哪些？

5. 防水混凝土的施工缝、变形缝、穿墙螺栓处等防水薄弱部位应如何处理？

6. 防水混凝土的施工要点有哪些？

7. 简述防水卷材冷粘法、热熔法及冷自粘法的施工方法。

8. 地下防水卷材的外贴法和内贴法各有何特点？与结构的施工顺序有何不同？

9. 简述地下工程涂料防水施工工艺。

10. 简述膨润土防水板（毯）施工工艺。

11. 简述屋面防水做法及各自适用范围。

12. 屋面卷材防水层的基层如何处理，有何要求？

13. 屋面防水层的施工条件与准备工作有哪些？

14. 屋面防水卷材的铺贴方法有哪些？

15. 如何确定屋面卷材防水层的铺贴顺序与铺贴方向？

16. 屋面防水卷材铺贴有哪些搭接要求？

17. 简述涂膜防水屋面的施工工艺。

九、装饰装修工程

1. 装饰装修工程的作用及施工特点是什么？

2. 抹灰分为哪几类？一般抹灰分几级，具体要求如何？

3. 抹灰的基层应做哪些处理？

4. 抹灰一般由哪几层组成，各层起什么作用？

5. 一般抹灰的施工顺序有何要求？对材料有何要求？

6. 试述水磨石、水刷石、干粘石、斩假石的施工工艺及要点。

7. 瓷砖铺贴前为何要选砖并浸水阴干，有何要求？

8. 墙面石材安装方法有哪些，各自特点是什么？

9. 对石材做防碱背涂处理的目的是什么？

10. 简述石材直接干挂法和间接干挂法的工艺过程，二者各用于什么场合？

11. 试述瓷砖及石材地面的施工工艺与要点。

12. 试述塑料门窗安装固定点的位置及间距有何要求？

13. 塑料及铝合金门窗安装的施工要点及质量要求有哪些？

14. 简述吊顶工程施工工艺顺序及要点。

15. 简述涂饰工程施工的一般程序及施工条件。

16. 简述裱糊施工的工艺顺序与要点。

十、施工组织概论

1. 建筑产品及生产的特点有哪些？

2. 施工程序分为哪几个步骤？

3. 组织施工的原则有哪些？

4. 试述施工准备工作的分类及包括的内容。

5. 施工组织设计分为哪几类？主要内容包括哪些？

6. 施工组织设计审批有何规定？何时需编制安全专项方案？

十一、流水施工方法

1. 组织施工有哪三种方式，各有何特点？

2. 流水施工的实质是什么？有哪些优点？

3. 组织流水施工的步骤有哪些？

4. 流水施工参数有哪些？各如何确定？

5. 组织流水施工为什么常要分段？分段原则有哪些？

6. 流水节拍的计算方法有哪几种？应注意哪些问题？

7. 按流水节拍的特点及流水节奏的特征，流水作业各有哪些组织方法？

8. 全等节拍、成倍节拍和分别流水法各如何组织？

9. 某构件预制工程需分两层叠制 160 个构件，层间技术间歇需 4d，总工程量及定额如下表。现有木工 6 人，其他工种人员充足，试组织全等节拍流水。（注：先初定步距，求出每层段数）

序号	施工过程	总工程量	产量定额	总劳动量
1	扎筋	63t	0.4t/工日	160 工日
2	支模	600m^2	5m^2/工日	120 工日
3	浇混凝土	240m^3	1m^3/工日	240 工日

10. 某分部工程由甲、乙、丙三个分项工程组成，在竖向上划分为两个施工层组织流水施工。流水节拍均为 2d。为缩短计划工期，容许分项工程甲与乙平行搭接时间为 1d，分项工程乙完成后，它的相应施工段至少有技术间歇 1d，层间组织间歇为 1d。为保证工作队连续作业，试确定每层施工段数、计算工期、并绘制流水施工水平指示图表。

11. 某两层现浇钢筋混凝土工程，施工顺序为：安装模板→绑扎钢筋→浇筑混凝土。据技术与组织要求，流水节拍定为：$t_1 = 2d$，$t_2 = 3d$，$t_3 = 1d$；层间技术间歇 1d。试组织成倍节拍流水作业。

12. 某工程有两层，每层分为 4 段，有三个专业队进行流水作业，它们在各段上的流水节拍分别为：

甲队　3　3　2　2（d）
乙队　4　2　3　2（d）
丙队　2　2　2　3（d）

试按分别流水法组织施工，保证各队在每层内连续作业。

十二、网络计划技术

1. 简述网络图的绘制规则与要求。

2. 什么是关键工作和关键线路？

3. 网络图的时间参数有哪些？计算方法有哪些？

4. 单代号与双代号网络图的时间参数及计算顺序有何不同？

5. 双代号时标网络计划的特点有哪些？如何绘制双代号时标网络计划？

6. 如何判定时标网络计划的关键线路及时间参数？

7. 网络计划的优化包括哪几个方面？试述其步骤。

8. 找出如下网络图中的错误，并写出错误的部位及名称。

9. 根据表中的逻辑关系，绘制双代号网络图。

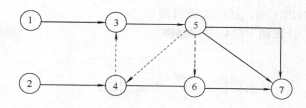

(1)

工作名称	A	B	C	D	F	G
紧前工作	—	—	A、B	—	B、G	C、D

(2)

工作名称	A	B	C	D	E	F	G	H
紧后工作	C、D、E	E	F	F	G、H	—	—	—

10. 某基础工程分三段流水施工，其施工过程及节拍为：挖槽——2d，打灰土垫层——1d，砌砖基础——3d，地圈梁施工——2d，肥槽回填——2d，试绘制双代号网络图。

11. 用图上计算法计算如下网络图，并求出工期，找出关键线路。

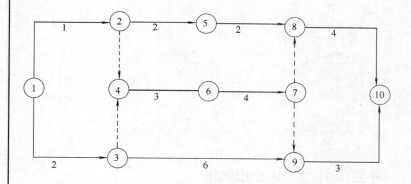

12. 根据下表给出的条件，绘制一个双代号网络图，并计算其各工作的时间参数 ES、EF、LS、LF、TF、FF，求出工期，找出关键线路。

工作代号	延续时间	紧后工作	工作代号	延续时间	紧后工作
A	9	无	E	6	H
B	4	D、E	G	4	无
C	2	E	H	5	无
D	5	G、H			

13. 将第11题改绘成单代号网络图，并计算各工作的时间

参数，求出工期，找出关键线路。

14. 计算如下单代号网络图。

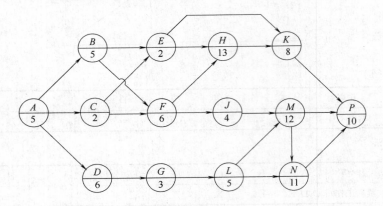

15. 将第 11 题改绘成时标网络计划。

16. 某建筑公司搅拌站每天混凝土供应能力最多为 $300m^3$，其混凝土工程的施工计划初始方案如下图。试对该网络图进行资源平衡调整，使每天混凝土需要量不超过供应能力。

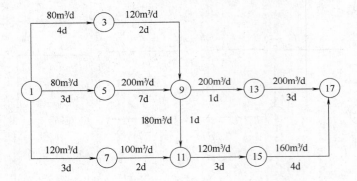

十三、单位工程施工组织设计

1. 单位工程施工组织设计的任务有哪些？

2. 单位工程施工组织设计包括哪些内容？

3. 如何编写工程概况？

4. 施工展开程序有哪些？

5. 施工部署及施工方案各包括哪些内容？

6. 确定施工顺序应考虑哪些原则？

7. 试述现浇框架结构办公楼、剪力墙结构住宅楼在结构阶段的施工顺序。

8. 内外装饰的流向及各工序间的施工顺序如何安排？

9. 施工机械选择的内容及原则包括哪些？

10. 砖混住宅、单层厂房、现浇框架的施工方法与机械选择应着重哪些内容？

11. 施工进度计划的类型及形式各有哪些？

12. 施工进度计划的种类与形式有哪些？编制步骤是什么？如何调整工期？

13. 施工平面图设计的原则有哪些？设计的内容、步骤及要求如何？

14. 对施工现场道路的形状、路面宽度、转弯半径各有何要求？

15. 施工现场临时水电管线如何布置？

16. 施工管理计划包括哪些内容？

17. 技术经济指标有哪些？如何计算？

十四、施工组织总设计

1. 施工组织总设计的作用及内容有哪些？

2. 施工部署包括哪些内容？

3. 施工总进度计划的编制原则及步骤是什么？

4. 资源配置计划包括哪些内容？如何编制？

5. 全场性暂设工程包括哪些内容？主要计算方法是什么？

6. 施工现场临时供水、供电量如何计算？

7. 如何计算劳动力不均衡系数？

B、综合题部分

一、《混凝土工程》习题

（一）概况

某五层现浇钢筋混凝土框架结构，标准层平面见图，柱的断面尺寸为 500mm × 500mm，梁为 250mm × 600mm，板厚150mm；柱混凝土为 C35，梁板混凝土为 C25；层高为 3.6m。

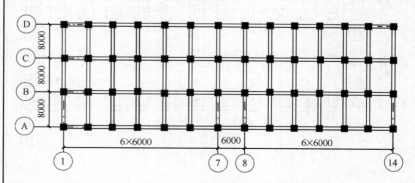

每层拟分两段施工，施工顺序为：扎柱筋→支柱模→浇筑混凝土→支梁底模→扎梁筋→支梁侧模、板底模→扎板筋→浇梁、板混凝土→养护→上一层（同前）。混凝土采用现场搅拌，塔吊运输。C35 混凝土的试验配比为：1：1.85：3.55，水灰比 0.55，水泥用量为 385kg/m³；C25 混凝土试验配比为：1：2.12：3.88，水灰比 0.58，水泥用量为 350kg/m³。测得现场砂石含水率为 3％和 2％。

（二）试完成内容

1. 选择搅拌机的型号，计算施工配比及每盘配料量；

2. 确定柱及梁板施工缝的位置，留、接茬的方法和要求；

3. 提出各构件的浇筑顺序与要求；

4. 养护方法与要求。

（三）参考资料

《建筑施工手册》；《建筑安装分项工程施工工艺标准》；《混凝土结构工程施工规范》；其他施工教材等。

二、《单厂结构吊装》习题

（一）工程概况

某两跨单层厂房为装配式钢筋混凝土结构。基础平面、厂房剖面及柱、屋架等尺寸见图。屋面板为 6000mm×1500mm×240mm 的大型屋面板。柱子、预应力屋架拟在现场预制，其余在构件厂预制；施工现场地面标高为±0.000；拟采用分件吊装法施工。

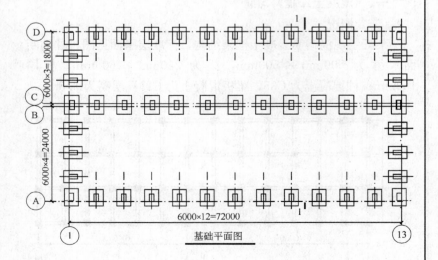

基础平面图

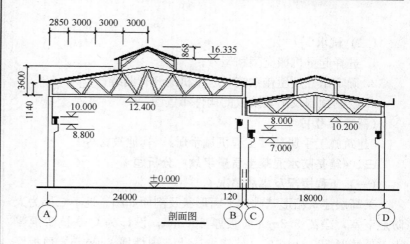

剖面图

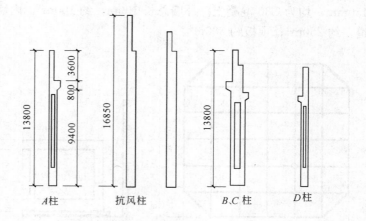

A柱　　抗风柱　　B、C柱　　D柱

主要构件情况一览表

构件名称	位置	单位	数量	构件重（kN）	安装标高（m）
柱	A轴	根	13	63.5	柱顶12.4
柱	B,C轴	根	13	84.9	柱顶12.4
柱	D轴	根	13	62.2	柱顶10.2
抗风柱	AB跨	根	6	86.8	柱顶15.55
抗风柱	CD跨	根	4	72.5	
屋架	AB跨	榀	13	82.7	12.4
屋架	CD跨	榀	13	48	10.2
吊车梁	AB跨	根	24	34.3	10.0
吊车梁	CD跨	根	24	33.8	8.0
天窗架		榀	62	30	
屋面板		块	296	13	

（二）试求

1. 选择起重机械类型和型号；
2. 确定吊柱及屋盖系统时起重机的开行路线；
3. 绘制预制及吊装阶段的构件布置图。

（三）参考书

《建筑施工手册》、《工程机械手册》；其他教材等。

三、《箱基防水混凝土质量事故》分析题

（一）工程概况及事故情况

某高层建筑箱形基础，平面形状及剖面如图。地下二层为人防地下室，净高 3.3m。底板厚 800mm，设计为 C30 抗渗混凝土；外墙厚 300mm，C30 抗渗混凝土；内墙厚 250mm，顶板厚 450mm，均为 C30 混凝土。外墙总长 100m，约 100m³；内墙 10 道，约 250m³；顶板约 300m³。

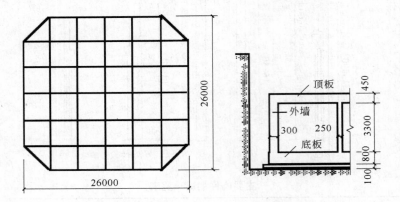

该工程采取底板施工后，内外墙、顶板均用 C30 抗渗混凝土一次连续浇筑的施工方案。浇筑时采用一台混凝土泵车，停在东侧可浇筑一半面积，再移至西侧浇另一半，在东、西各停两次即将墙体全部浇完；再移动两次，将顶板浇完。共连续浇筑 32h。经养护拆模后，发现有大量孔洞、裂缝和疏松处。经检查，混凝土试块强度符合要求，对现场混凝土钻芯取样进行测试，平均强度为 24MPa，最低强度为 16MPa，造成重大质量事故。甲方及施工单位同意炸掉，直接损失将达到 200 万元；上级主管部门要求做加固处理，工期推迟了 8 个多月。

（二）试分析

1. 该工程内、外墙及顶板的浇筑方案是否合理、经济？若不合理，应采用何种方案？

2. 浇筑墙体时，泵车应至少移动几次方能保证浇筑质量？每小时的浇筑量至少应为多少？墙体浇筑应如何进行？

3. 混凝土样的强度平均值及最低值是否符合规范要求？为何取样值大大低于所留试块的强度值？

（三）参考资料

《混凝土结构工程施工规范》；《建筑工程防水施工手册》；《地下工程防水技术规范》等。

四、《防水工程》习题

（一）概况

某钢筋混凝土箱形基础，其轴线尺寸见图。底板厚 800mm，外墙厚 300mm，内墙厚 200mm，底层人防顶板厚 350mm，设备层顶板厚 200mm，外墙及底板均为掺 UEA 的防水混凝土，抗渗等级为 1.2MPa。底板、墙体、顶板混凝土强度等级为 C30，垫层厚 100mm，C10 混凝土。底板下及外墙外侧做聚氨酯涂膜防水层。

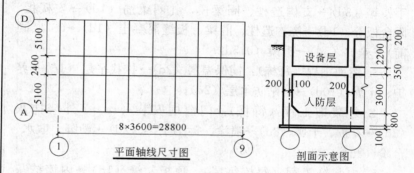

平面轴线尺寸图　　　剖面示意图

（二）主要施工方法

1. 模板：墙体为小钢模组装成大模，顶板用胶合板模板；

2. 钢筋：现场绑扎双层网片，直径 25mm 以上的竖向钢筋现场焊接；

3. 混凝土：除垫层采用现场搅拌外，其他均用泵送商品混凝土。

（三）试确定

1. 钢筋混凝土部分的施工顺序；

2. 底板及外墙防水混凝土的浇筑方案，计算浇筑强度；

3. 防水混凝土的施工措施与要求（支模、扎筋、混凝土浇筑、施工缝的留设与处理、养护、检查等）。

（四）要求

1. 基础底板要连续浇筑；

2. 施工缝位置要合理；

3. 支模、扎筋及混凝土的施工措施均应以保证不渗漏为原则。

(五) 参考资料

《建筑防水工作手册》、《土木建筑国家级工法汇编》、《建筑工程防水施工手册》、《高层建筑施工手册》、《地下工程防水技术规范》、《地下防水工程质量验收规范》、《混凝土结构工程施工规范》。

五、《网络计划技术》习题

(一) 题目

有三栋两层砖混结构住宅，拟采取栋号间分层流水施工。已知其施工顺序及持续时间，试绘制双代号网络图，并计算时间参数，找出关键线路。

1. 基础工程（每栋）：挖槽（2d）→垫层（1d）→砌砖基础（3d）→地圈梁（1d）→回填土及暖沟施工（2d）；

2. 主体结构工程（每栋的每层）：扎构造柱筋、砌墙及搭脚手架等（3d）→支构造柱、圈梁模，扎圈梁筋（1d）→安楼板、阳台板等（1d）→浇构造柱、圈梁、板缝混凝土（1d）→（二层同前）→养护（5d）→拆模（0.5d）；

3. 屋面工程（每栋）：铺保温层（2d）→抹找平层（1d）→养护、干燥（10d）→铺贴防水层（2d）；

4. 外装饰工程（每栋）：门窗框安装（1d）→外墙抹灰（3d）→养护、干燥（8d）→喷涂、拆脚手架（2d）→勒脚、散水、台阶（2d）；

5. 内装饰工程（每栋每层）：顶板勾缝（1d）→内墙抹灰（3d）→楼、地面铺磨石（2d）→养护（3d）→安门窗扇（1d）→油漆、玻璃（3d）→刮腻子、喷浆（3d）。

(二) 要求

1. 逻辑关系正确，注意各分部工程间的联系；

2. 符合绘图规则，注意交叉、换行方法；

3. 可考虑水、电、暖、卫、气设备安装与土建的关系；

4. 有余力者可改制成时标网络计划，有条件者可再用计算机绘图分析。

(三) 参考资料

《工程网络计划技术》、《工程网络计划技术规程》、《施工组织与计划》、教材等。

六、《单位工程施工组织设计》习题

(一) 工程概况

某中学教学楼工程为四层砖混结构，建筑面积 5076m^2，东西长 67.68m，南北宽 24.97m，檐口高 15.23m，层高 3.6m，首层平面布置如图所示。

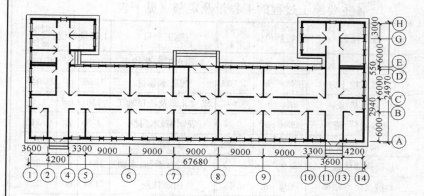

楼梯间、走廊、门厅均为预制水磨石楼地面，其他均为水泥砂浆楼地面。楼地面下均有 70 或 100 厚水泥焦砟垫层。内墙为混合砂浆中级抹灰，1.2m 高油漆墙裙，以上墙面及顶板为内墙涂料。钢窗木门。外墙首层为水刷石，其上均为干粘石墙面。屋面为水泥焦砟找坡，200 厚加气混凝土块保温，水泥砂浆找平，两层 SBS 改性沥青卷材防水层。

结构按 8 度设防。纵横墙承重，外墙厚 365mm，内墙厚 240mm，预应力圆孔板，现浇楼梯，层层设圈梁、构造柱，混凝土均为 C30，砖为 MU25 普通页岩砖，混合砂浆为 M5。

基础埋深为 -2.40m。据勘查报告，地下水位在 -10m 以下，开挖范围内上部有 1m 厚填土，其下部为 4m 厚黏质粉土。砖砌大放脚带形基础下有 150 厚灰土垫层。-2.16m 和 -0.06m 下各有一道 240 厚地圈梁，构造柱筋锚于底圈梁内。混凝土均为 C30，砖为 MU30，砂浆为 M10 水泥砂浆。

设备有上下水、暖气、照明和广播电视五个系统。

本工程位于北京市密云县，工期为 7 个月，构件、材料、机械均可按计划满足供应，现有劳动力如下：普工 60 人，瓦工 50 人，钢筋工 20 人，木工 30 人，抹灰工 40 人，油漆工 20 人，油毡工 10 人，架子工 10 人，混凝土工 40 人。矩形场地的边缘距教学楼为：楼东 25m，楼西 15m，楼南 30m，楼北 15m。现场北侧、东侧场外均有道路，场地东北角有水源（φ100mm 管接口），西北角有电源（300kVA 变压器）。

（二）作业内容

1. 确定施工方案；

2. 编制施工进度计划；

3. 绘制施工平面布置图。

(三) 已知条件

1. 各主要施工过程的工程量及定额（见下表）

施工项目	工程量	单位	时间定额	施工项目	工程量	单位	时间定额
挖土方（人工挖土方）	2615	m³	0.33	屋面水泥砂浆找平	1269	m²	0.055
（若机械挖土方）	2958	m³	0.003	铺防水卷材	1269	m²	0.046
灰土垫层	224	m³	0.947	砌女儿墙及压顶施工	150	m³	1.6
地圈梁（两道）	86.4	m³	0.92	安钢窗、木门框	378	樘	0.113
砌砖基础	496	m³	1.088	安木门扇	196	扇	0.131
基础构造柱施工	8.9	m³	1.89	外墙抹灰（干粘、水刷）	1847	m²	0.295
肥槽及房心回填	1498	m³	0.19	内墙抹灰	7581	m²	0.114
立塔吊		台	5d	楼地面垫层	495	m³	0.52
搭井架		座	2d	楼地面抹灰	3010	m²	0.094
扎构造柱筋	8.96	t	4.08	铺楼地面磨石板	1105	m²	0.185
支构造柱、圈梁模板	965	m²	0.217	门窗油漆	867	m²	0.228
砌砖墙	2041	m³	1.32	安门窗玻璃	405	m²	0.047
安楼板	956	块	0.008	墙裙油漆	2522	m²	0.051
支板缝、现浇板、楼梯模	364	m²	0.91	顶、墙刮腻子喷浆	9784	m²	0.02
浇构造柱混凝土	57.45	m³	1.49	拆塔吊		台	2d
浇圈梁、板缝混凝土	264.4	m³	1.34	拆脚手架	5076	m²	0.05
搭脚手架	5076	m²	0.12	拆井架		座	1d
拆模板（结构）	1329	m²	0.1	做散水、台阶	164	m²	0.25
屋面找坡层	190.4	m³	0.52	扎圈梁筋	31.68	t	6.92
屋面保温层（干铺）	253.8	m³	0.32				

2. 现场布置内容与面积

现场布置内容与面积见下表。

名称	数量或面积	名称	数量或面积	名称	数量或面积
塔吊、井架		钢筋原料堆场	20～30m²	工具库	30～60m²
现场道路		钢筋加工棚	10～20m²	材料库	30～60m²
预制楼板	150 块	钢筋成品堆场	25～35m²	现场办公室	20～25m²
搅拌机棚	4×5m	砖堆场	60～80m²	工人休息室	40～80m²
砂堆场	20～35m²	模板堆场	20～40m²	食堂	30～50m²
石子堆场	30～40m²	脚手架料堆场	20～30m²	厕所	2×(8～12)m²
水泥库	20～25m²	木加工棚	15～20m²	警卫室	4～6m²
白灰堆场	10～15m²	水电加工棚	10～20m²	水、电管线	

(四) 参考书

《建筑工程施工组织设计实例应用手册》；《建筑施工手册》；《砌体结构工程施工质量验收规范》；《混凝土结构工程施工规范》；施工教材等。

参 考 文 献

[1]　穆静波，孙震. 土木工程施工（第一版）［M］. 北京：中国建筑工业出版社，2009.

[2]　应惠清. 建筑施工技术（第二版）［M］. 上海：同济大学出版社，2011.

[3]　黄文广. 砖瓦工操作技能［M］. 北京：时代传播音像出版社. 2004.

[4]　李建峰. 桩基工程［M］. 中国建设教育协会. 2000.

[5]　孙明瑷 姜卫杰等. 钢筋混凝土单层工业厂房吊装［M］. 中国建设教育协会. 2000.

[6]　章国社［日］. 建筑施工管理手册（第四版）［M］. 北京：中国建筑工业出版社，2008.

[7]　黄文广. 混凝土工操作技能［M］. 北京：时代传播音像出版社. 2004.

[8]　穆静波. 土木工程施工组织（第一版）［M］. 上海：同济大学出版社，2009.

[9]　中国建筑第八工程局. 建筑工程施工技术标准［M］. 北京：中国建筑工业出版社，2005.

[10]　彭圣浩. 建筑工程施工组织设计实例应用手册（第三版）［M］. 北京：中国建筑工业出版社，2008.